普通高等教育"十一五"国家级规划教材

孙素燕 靖定国 主 编
杨 琴 汪 军 副主编

C语言程序设计
案例化教程

U0251316

清华大学出版社
北京

21世纪计算机科学与技术实践型教程

丛书主编 陈明

内 容 简 介

本书作为校企合作教材,是程序设计教材的创新,实现了从以计算机知识为主线的体系结构向以企业能力训练为主线的体系结构转变,把程序设计的学习从语法知识学习提高到解决问题的能力培养上。全书共设 11 个项目。项目 1 介绍了 C 语言的开发环境;项目 2 介绍了 C 语言的基本语法;项目 3、项目 4、项目 5 介绍了程序流程控制结构;项目 6 介绍了数组;项目 7 介绍了函数;项目 8 介绍了指针;项目 9 介绍了编译预处理的概念;项目 10 介绍了文件;项目 11 是课程实训,通过实训案例让学生学会编写简单的 C 程序软件。

本书可作为应用型院校程序设计课程的教材,又可作为等级考试及计算机培训班的教材或参考书,也可作为计算机相关专业的程序设计课程用书。

图书在版编目(CIP)数据

C 语言程序设计案例化教程/孙素燕,靖定国主编. —北京:清华大学出版社,2014
21 世纪计算机科学与技术实践型教程
ISBN 978-7-302-37342-1

Ⅰ.①C… Ⅱ.①孙… ②靖… Ⅲ.①C 语言－程序设计－高等学校－教材 Ⅳ.①TP312

中国版本图书馆 CIP 数据核字(2014)第 160213 号

责任编辑:谢　琛　薛　阳
封面设计:何凤霞
责任校对:白　蕾
责任印制:刘海龙

出版发行:清华大学出版社
　　　　网　　址:http://www.tup.com.cn,http://www.wqbook.com
　　　　地　　址:北京清华大学学研大厦 A 座　　　　　　邮　　编:100084
　　　　社 总 机:010-62770175　　　　　　　　　　　　邮　　购:010-62786544
　　　　投稿与读者服务:010-62776969,c-service@tup.tsinghua.edu.cn
　　　　质量反馈:010-62772015,zhiliang@tup.tsinghua.edu.cn
　　　　课件下载:http://www.tup.com.cn,010-62795954
印 装 者:北京国马印刷厂
经　　销:全国新华书店
开　　本:185mm×260mm　　印　　张:15.5　　　　　　字　　数:359 千字
版　　次:2014 年 8 月第 1 版　　　　　　　　　　　　印　　次:2014 年 8 月第 1 次印刷
印　　数:1～2500
定　　价:29.00 元

产品编号:059206-01

前　　言

当前,"工学结合"是应用型教育培养模式改革的重要切入点和出发点,而"校企合作"则对应用型教育的模式具有积极的导向作用。为了适应培养创业型复合人才的需要,进一步完善和补充 C 语言程序设计系列的教材,特编写了适用于应用型学生特色的《C 语言程序设计案例教程》。

C 语言是一种在世界范围内被普遍采用的优秀的程序设计语言,是现在最流行的结构化程序设计语言之一,它具有语法简单、使用灵活方便、功能丰富、表达力强、便于大型程序开发、便于编写、可移植性好等优点。由于 C 语言引入了反映计算机硬件特性的机制,这使得 C 语言是一种既能编写系统软件,又适合编写应用软件的高级语言。

本书共设 11 章,通过场景导入引出问题,然后详细讲解用来解决问题的知识点,最后回到场景中解决问题,以此主线引导全文。全书主要内容如下。

第 1 章:C 语言概述,主要内容包括 C 语言的发展和特点、VC++ 6.0 环境介绍等。

第 2 章:数据描述与基本操作,主要内容包括 C 数据类型、运算符及表达式等。

第 3 章:顺序结构程序设计,主要内容包括 C 语句、数据的输入和输出、顺序结构设计等。

第 4 章:选择结构程序设计,主要内容包括选择结构语句和选择结构程序示例等。

第 5 章:循环结构程序设计,主要内容包括 while 循环、do-while 循环、for 循环、循环的嵌套、continue 和 break 语句以及循环结构程序设计示例等。

第 6 章:数组,主要内容包括一维数组、二维数组的定义及应用等。

第 7 章:函数,主要内容包括函数定义、函数间的参数传递、函数调用、变量的作用域等。

第 8 章:指针,主要内容包括指针的定义、指针变量、指针与数组、字符数组与字符指针的区别以及程序示例等。

第 9 章:编译预处理,主要内容包括文件包含、有参数和无参数的宏定义、条件编译等。

第 10 章:文件,主要内容包括文件和文件指针的定义、文件的基本操作等。

第 11 章:课程实训,主要是对前面各项目知识点的应用,即用 C 语言编写公司员工信息管理系统。读者可以自己尝试一下编写程序。

本书的编写具有以下三个主要特点。

(1) 以突出培养创业型复合人才为目标,用丰富的版块合理安排全文,突出实用性和可操作性。

（2）以企业实际案例为依托，紧紧围绕"场景导入"→"知识讲解"→"回到场景"→"拓展训练"这一主线进行编写，强化能力训练。

（3）以工作过程为导向，全面展开案例实施的全过程，提炼技术要点，即学即用，面向就业。

本书主要面向应用型技术院校，既可作为高职高专院校程序设计课程的教材和教学参考书，又可作为等级考试及计算机培训班的教材或参考书，也可作为计算机相关专业的程序设计课程用书。

本书配有免费的多媒体课件、教案、程序源代码和习题参考答案供广大教师和读者使用，旨在为教师授课、读者学习提供方便；为满足等级考试的需要，本书还赠送全国计算机等级考试题库和模拟软件。需要者可从清华大学出版社网站（www.tup.tsinghua.edu.cn）下载。

本书由硅湖职业技术学院孙素燕和靖定国担任主编，硅湖职业技术学院杨琴和昆山环科计算机有限公司汪军担任副主编，其中第1章、第2章、第9章、第11章及附录由孙素燕编写，第3～5章、第10章由靖定国编写，第6～8章由杨琴编写，相关企业案例由汪军提供。全书由孙素燕统稿、定稿。参与本书编写和资料整理的还有何光明、卢振侠、王珊珊、周海霞、石雅琴、张居晓、朱贵喜、张华明、李佐勇等。

本书在编写过程中得到了学院领导的鼓励与支持，得到了计算机教研室全体老师的帮助和指导，在此向他们表示衷心的感谢！同时，还得到了昆山环科计算机有限公司的大力支持，在此一并表示感谢！

由于编者水平有限，加之时间仓促，书中难免存在不足之处，敬请广大读者批评指正。联系信箱：ssy9914@usl.edu.cn。

编　者
2014 年 6 月

目　　录

第 1 章　C 语言概述

知识要点：

(1) C 语言的发展及特点。

(2) C 语言程序的格式和构成。

(3) C 语言的开发环境介绍。

技能目标：

(1) 掌握 Visual C++ 6.0 的安装方法。

(2) 了解 C 语言的发展及特点。

(3) 熟悉 Visual C++ 6.0 开发环境中主要菜单项的使用方法。

(4) 掌握 C 语言源程序的编译流程。

1.1　C 语言的发展与特点

1.1.1　C 语言的发展历程

　　C 语言是在一台使用 UNIX 操作系统的 DEC PDP-11 计算机上首次实现的，由 Dennis Ritchie 设计完成。C 语言是由一种早期的编程语言 BCPL 发展演变而来，BCPL 目前在欧洲还在使用。由于 Martin Richards 改进了 BCPL，从而促进了 Ken Thompson 所设计的 B 语言的发展，最终促使 20 世纪 70 年代 C 语言的问世，并一直沿用至今。

　　后来，人们对 C 语言又做了很多次改进，但主要还是局限于在贝尔实验室使用。直到 1975 年 UNIX 第 6 版公布后，C 语言的突出优点才引起人们的普遍关注。1977 年出现了不依赖于具体机器的 C 语言编译文本"可移植 C 语言编译程序"，使 C 语言移植到其他机器时所需做的工作大大简化，这也推动了 UNIX 操作系统迅速地在各种机器上的实现。例如 VAX、AT&T 等计算机系统都迅速相继开发了 UNIX。随着 UNIX 使用的日益广泛，C 语言也迅速得到推广。C 语言与 UNIX 可以说是孪生兄弟，在发展过程中相辅相成。1978 年以后，C 语言已先后移植到大型、中型、小型及微型计算机上，并独立于 UNIX。现在 C 语言已风靡全世界，成为世界上应用最广的几种计算机语言之一。

　　随着微型计算机的日益普及，出现了许多 C 语言版本。但由于没有统一的标准，使得这些 C 语言之间出现了一些不一致的地方。为了改变这种情况，美国国家标准协会为 C 语言制定了一套 ANSI 标准，成为现行的 C 语言标准。

除了系统软件外,C语言还成功地用于数值计算、文字处理、数据库、计算机网络和多媒体等。C语言所呈现的高级语言强有力的表达能力和效率,使得它成为在计算机程序设计实践中做出了重大贡献的一种语言。

目前,在计算机界比较流行的C语言编译系统有 Microsoft C、Turbo C、Borland C 等。尽管上述各种编译系统存在着一些差异,但是它们的基本部分还是相同的,本书的上机环境统一采用 Microsoft Visual C++ 6.0。

1.1.2 C语言的特点

C语言是目前应用最广泛的高级程序设计语言之一,该语言有很多较为突出的优点,不过它并不是完美的,还有一些缺点。

1. C语言的优点

1) 语言描述简洁、灵活、高效

C语言只有32个标准的关键字和9种控制语句,并且以易读易写的小写字母为基础,压缩了一切不必要的成分,使程序书写规整紧凑。

2) 有丰富的数据类型

C语言数据类型丰富,不仅具有4种最基本的数据类型(char、int、float、double),还有多种组合类型(数组和结构)以及复杂的导出类型,并允许使用简单的组合结构构造复杂的数据类型或直接由用户自己定义数据类型。

3) 运算符丰富

C语言提供了45种标准运算符和多种获取表达式值的方法,并提供了与地址密切相关的指针及其运算符,运算符不仅具有优先级的概念,还有结合性的概念。因此,灵活使用各种运算符和表达式,不仅可以简化程序,还可以实现在其他语言中难以实现的运算。

4) C语言具有固定的标识符

C语言的标识符主要用来表示常量、变量、函数和类型等的名字,它们只是起标识作用的一种符号。C语言共有32个固定的标识符,它们都用小写字母表示:

int	long	double	float	short
char	const	static	do	if
while	else	goto	break	continue
unsigned	switch	default	struct	union
enum	sizeof	void	auto	case
extern	register	return	typedef	volatile
define	include			

5) 提供了功能齐全的函数库

C语言标准函数库提供了功能极强的各类函数库,例如串、数组、结构乃至图形的处理等,只需调用一下库函数即可实现,为编程者提供了极大的方便。

6) 具有结构化的控制语句

C语言提供了9种控制语句实现三种结构(顺序、分支和循环结构),如 if-else、while、

switch、for 等，并用函数作为程序模块，是理想的结构化程序设计语言。C 程序由具有独立功能的函数构成，函数定义是平行、独立的，但函数调用可以是嵌套调用和递归调用，通过函数调用可以实现复杂的程序功能，多种存储属性的数据可共享同一段内存，从而保证了模块化的程序设计风格。另外，对于复杂的源程序文件，可以分割成多个较小的源文件，分别编译和调试，最后组装、链接，得到可执行的目标程序文件。

7）具有良好的通用性和程序的移植性

在 C 语言中，与硬件有关的操作都是通过调用系统提供的库函数实现的，这使得 C 语言具有很好的通用性，程序能容易地从一种计算机环境移植到另一种计算机环境中。

8）生成目标代码质量高，程序执行效率高

C 语言生成目标代码的效率与汇编语言相比，一般低 10%～20%。C 语言也可以像汇编语言一样对位、字节和地址，甚至对硬件进行直接操作。换句话说，C 语言既具有汇编语言的强大功能，又没有汇编语言的难度，特别适合进行底层开发。

9）语法限制不严格

C 语言程序设计的自由度大，例如，对数组下标越界不做检查，各种类型的变量可以通用等。

2. C 语言的缺点

当然，C 语言的缺陷还是十分明显的。C 语言缺乏一致公认的标准，表现在语法限制不太严谨，运算符的优先级和结合性比较复杂，不容易记忆。C 语言对数据类型缺乏一致性的检测，对数组、结构体等类型的整体运算存在一定的限制。C 语言在程序设计方面灵活性有余，而安全性和可靠性不足。

对于上述问题，计算机科学家和工程技术人员正在不断寻求解决的办法，并一直在不断地提出一些改进方案以进一步提高 C 语言的应用能力。

1.2　C语言程序的格式和构成

首先通过讨论一个具体的 C 语言的实例，帮助读者对 C 语言有一个初步的认识，同时也有助于对 C 语言的格式和构成特点进行剖析。

1.2.1　C语言程序的格式说明

【例 1-1】　设有如下程序：

```
#include <stdio.h>
int add(int x, int y)
{
    int z;
    z=x+y;                          /*计算和*/
    return(z);
}
```

```
main()                                 /* 主函数 */
{
    int x, y, z;                       /* 定义变量 */
    scanf("%d%d", &x, &y);             /* 从键盘上输入两个变量值 */
    z=add(x, y);                       /* 调用 add 函数,计算两个数的和 */
    printf("The result is %d\n", z);   /* 输出 */
}
```

运行结果如图 1-1 所示。

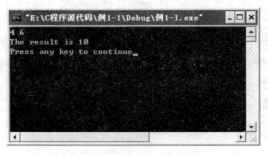

图 1-1　例 1-1 运行结果

　　通常一个 C 语言源程序由一个主函数和若干个其他函数组成;一个函数由若干条语句组成;每条语句又由标识符、运算符等组成。本示例程序共包括两个函数,一个是主函数 main(),另一个是 add() 函数,用来求出两个整数的和。在执行时,先由 scanf() 函数从键盘上输入两个数值,将输入的数传入 add() 函数中,在 add() 函数中计算两个数的和,并用 return 语句将和作为函数的返回值。这样就完成了将两个整数相加的功能。

1.2.2　C 语言程序的构成及编译

1. C 语言程序的构成

一般 C 语言程序的构成如下:

```
函数类型 函数名(参数类型 参数名)        /* 自定义函数 */
{
    函数体;
}
main()
{
    变量定义部分;
    语句执行部分;                      /* 语句执行部分包括调用自己定义的函数 */
}
```

2. C 语言的编译过程

1) 编译

编译就是将已经编好的源程序翻译成二进制的目标代码,如果有错误,会给出错误提示,这时应该重新进入编辑环境,对源程序进行修改,直到通过编译为止。编译后的文件扩展名为 obj。经过编译的二进制代码不能直接执行,因为一个程序的各个模块往往是单独编译的,必须把经过编译的各个模块的目标代码与系统提供的标准模块进行连接后才能够执行。

2) 连接

经过连接后,源程序成为可执行的文件,它是计算机能够直接运行的文件。文件的扩展名为 exe。

3) 执行

直接在操作系统的命令行环境下输入文件名就可以执行经过编译连接的可执行程序。

整个过程可以用图 1-2 来表示。

图 1-2　程序的编译、连接和执行过程

具体程序的运行过程详见 1.5 节。

1.2.3　C 语言程序的基本要求

通常,C 语言程序有以下要求。

(1) 程序至少要有一个 main 函数,用户也可以自己根据需要设计函数,像上面的 add() 函数。

(2) 函数由两部分组成。第一部分是函数的说明部分,如函数的名称、函数的返回值类型、函数的参数及类型。第二部分是函数的实现部分,包括变量定义和执行语句。

(3) C 程序总是从 main 函数开始执行,不论 main 函数在程序的什么地方,也就是说,可以将 main 函数放在任何位置。

(4) C 程序的书写比较自由,可以在一行上写若干条语句,也可以在多行上写一条语句。但每条语句后面都要有一个分号,这个分号是必不可少的。这一点必须注意。

(5) C 语言中没有专门的输入、输出语句。输入和输出是通过 scanf 和 printf 两个库函数实现的。

(6) C 程序中可以用"/ * … * /"对任何部分进行注释,好的程序都应该有必要的注释以提高程序的可读性。

(7) 为了提高程序的可读性、可维护性和扩充性,应尽可能按照标准的编码方式进行源代码的编写。

1.3　C 语言的开发环境

微软公司提供了一个支持可视化编程的集成开发环境:Visual Studio(又名 Developer Studio)。Developer Studio 是一个通用的应用程序集成开发环境,它不仅支持

Visual C++,还支持 Visual Basic、Visual J++、Visual InterDev 等 Microsoft 系列开发工具。

1.3.1 Visual C++ 6.0 的安装

Visual C++ 6.0 的安装过程如下。

(1) 在 CD-ROM 驱动器中放入 Visual C++ 6.0 安装盘,双击安装文件 setup.exe,出现如图 1-3 所示的界面。

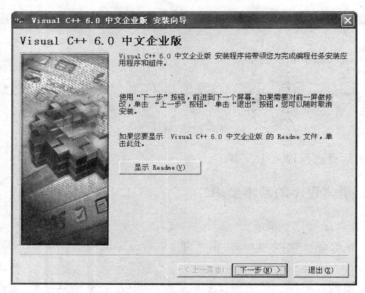

图 1-3 安装步骤 1

(2) 根据安装向导的提示一直安装下去,进入如图 1-4 所示的"程序正在安装"的界面。

图 1-4 安装步骤 2

（3）稍等片刻，出现如图 1-5 所示的路径选择界面。

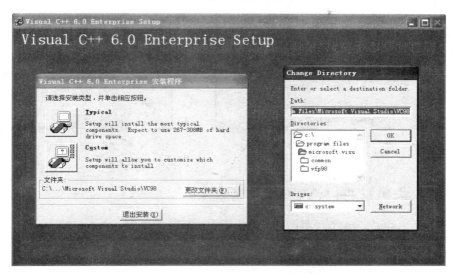

图 1-5　安装步骤 3

（4）安装路径选择完毕后，可通过单击 Custom 按钮，出现如图 1-6 所示的界面，根据个人具体的需要，在列表中选择想要配置的功能。也可以单击 Typical 按钮进行典型安装。

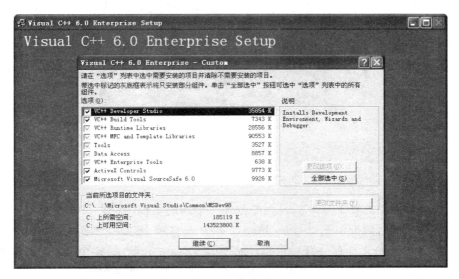

图 1-6　安装步骤 4

（5）单击"继续"按钮后，出现如图 1-7 所示的界面。

（6）无须注册环境变量，直接单击"确定"按钮后，进入程序安装阶段，如图 1-8 所示。

（7）耐心等待，直至安装程序提示已成功安装。这时，Visual C++ 6.0 已经在机器上安装完毕并可以正确使用了。

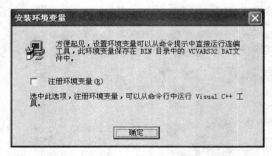

图 1-7　安装步骤 5

图 1-8　安装步骤 6

1.3.2　进入 Visual C++ 6.0 开发环境

（1）运行 Visual C++ 6.0 程序，出现如图 1-9 所示的界面。

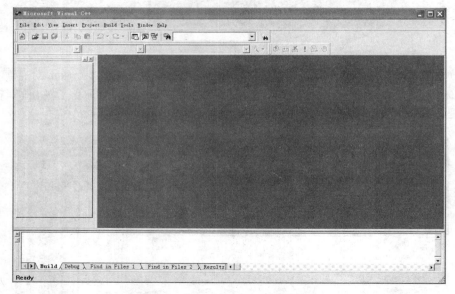

图 1-9　Visual C++ 6.0 运行首页

（2）从菜单栏中选择 File→New 命令创建一个新的工程，如图 1-10 所示。

（3）在弹出的对话框中选择 C++ Source File 选项，如图 1-11 所示。

（4）使用默认的文件存储路径可以不必更改 Location（目录）这个文本框中的内容，但如果想在其他地方存储源程序文件，则需要在对话框右半部分的 Location（目录）文本框中输入文件的存储路径，也可以单击右边的省略号（…）按钮来选择存储的目标文件夹。在右上方的 File（文件）文本框中输入自定义的源程序文件的名字（如"myprogramme.c"）。最后单击 OK 按钮，出现如图 1-12 所示的界面，就可以在其中编写代码了。

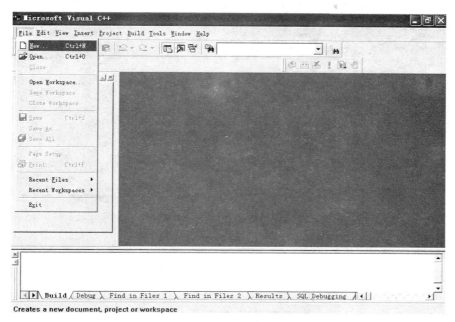

图 1-10 选择 File→New 命令

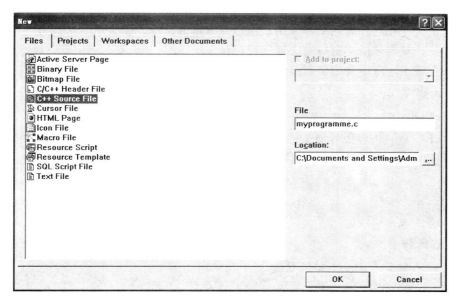

图 1-11 设定程序名称和存储路径

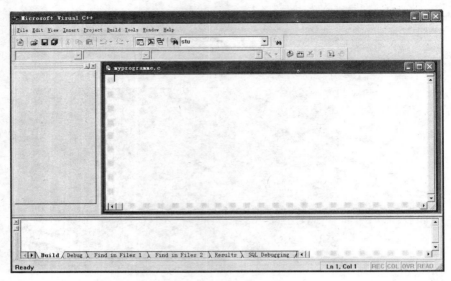

图 1-12 程序编写区

1.3.3 Visual C++ 6.0重要菜单命令介绍

1."文件"菜单

新建——打开一个新的窗口,用于建立一个新的文件。

打开——打开已存盘的文件或用于选择要编辑的文件。

保存——对当前活动窗口的文件进行存盘。

保存全部——将所有编辑窗口的文件进行存盘。

2."组建"菜单

编译(Ctrl+F7)——编译源程序,产生.obj 文件。

组建(F7)——构建源程序文件对应的.exe 文件。

执行(Ctrl+F5)——执行源程序,得到运行结果。

1.4 拓 展 训 练

一、选择题

1. C 语言源程序的基本单位是(   )。

    A. 过程   B. 函数   C. 子程序   D. 标识符

2. C 语言规定,在一个源程序中,main()函数的位置(   )。

    A. 必须在最前面   B. 必须在系统调用的库函数的后面

    C. 可以任意   D. 必须在最后

3. 一个 C 程序的执行是从(   )。

    A. main()函数开始,直到 main()函数结束

B. 第一个函数开始，直到最后一个函数结束

C. 第一个函数开始，直到最后一个语句结束

D. main()函数开始，直到最后一个函数结束

4. 为了把源程序一次完成编译、连接和执行，可按(　　)键。

  A. Ctrl+F7　　　　B. F7　　　　　C. F5　　　　　　D. Ctrl+F5

二、填空题

1. C语言源程序文件的后缀是_____，经编译和连接后生成的可执行文件的后缀是_____。

2. 一个C程序必须有一个_____。

3. 一个C语言函数由两部分组成，分别是_____和_____。

4. 上机运行C程序必须经过4个步骤：_____、编译、_____和执行。

5. 下面程序的运行结果为_____。

```
#include <stdio.h>
main()
{
    int x, y;
    x=3; y=6;
    printf("%d,%d,%d,%d", x+y, x-y, x * y, x/y);
    printf("\n");
}
```

三、简答题

1. 初次编程，你遇到了哪些问题？

2. 谈谈你对VC++用法的体会。

<h2 align="center">1.5　知　识　链　接</h2>

通过下面的示例程序，讲述C程序的运行步骤。

【例1-2】　在屏幕上输出一行信息"Hello!"。

程序源代码：

```
#include<stdio.h>
void main()
{
    printf("Hello!\n");
}
```

上述程序的执行过程如下。

打开Visual C++ 6.0集成环境，屏幕上出现Visual C++ 6.0的主窗口，如图1-13所示。

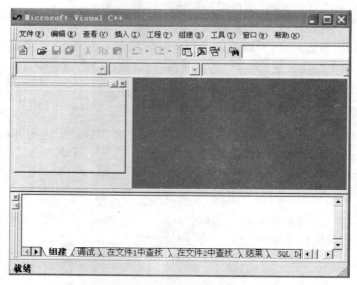

图 1-13 Visual C++ 6.0 的主窗口

1. 编辑

单击"文件"菜单,选择"新建"命令,如图 1-14 所示。

图 1-14 "文件"→"新建"命令

屏幕上出现一个"新建"对话框,如图 1-15 所示。打开"文件"选项卡,在其列表框中选择 C++ Source File 项,然后在"位置"文本框中输入准备编辑的源程序文件的存储路径(假设为"E:\C 程序源代码"),在其上方的"文件名"文本框中输入准备编辑的源程序的文件名(假设为"例 1-2.c")。

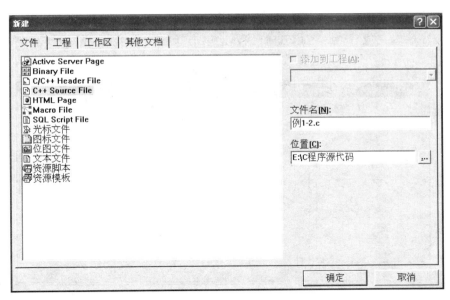

图 1-15 "新建"对话框

单击"确定"按钮后,回到 Visual C++ 6.0 主窗口,这时就可以输入和编辑源程序了,如图 1-16 所示。源程序编辑完成后,选择"文件"菜单下的"保存"命令,就可以对源文件进行保存了。

注意:在新建时要指定后缀名为.c,否则默认是 C++ 的后缀名。

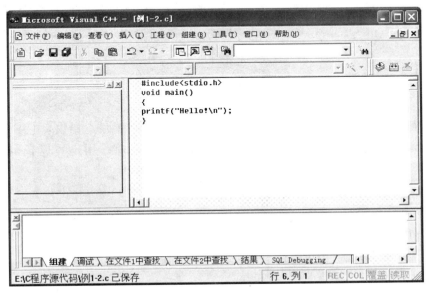

图 1-16 源程序编辑窗口

2. 编译

源程序编辑完成后,就可对其进行编译。单击"组建"菜单,选择"编译[例 1-2.c]"命令,如图 1-17 所示。也可以直接按 Ctrl+F7 键来完成编译。

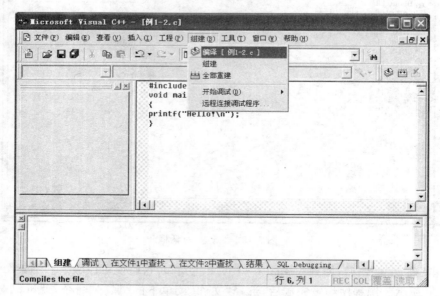

图 1-17   编译程序窗口

选择"编译[例 1-2.c]"命令后,屏幕上会出现一个对话框,如图 1-18 所示,单击"是"按钮,开始编译。

图 1-18   编译提示

在进行编译时,系统会检查源程序有无语法错误。如果没有错误,则生成目标程序文件"例 1-2.obj";如果有错,则会指出错误的位置和性质。用户可以根据提示改正错误。

3. 连接

.obj 的目标程序生成后,选择"组建"菜单下的"组建[例 1-2.exe]"命令,如图 1-19 所示。也可以直接按 F7 键来完成连接。

执行连接后,在调试输出窗口中显示如图 1-20 所示的信息,没有错误,则生成一个可执行文件例 1-2.exe。

4. 执行

得到可执行文件"例 1-2.exe"后,下一步是执行例 1-2.exe。选择"组建"菜单下的"执

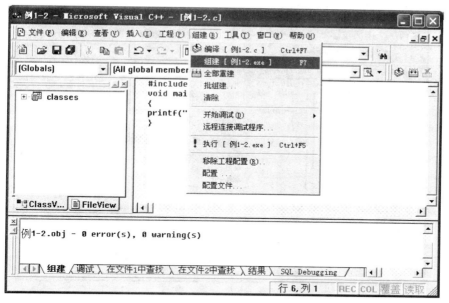

图 1-19　连接命令窗口

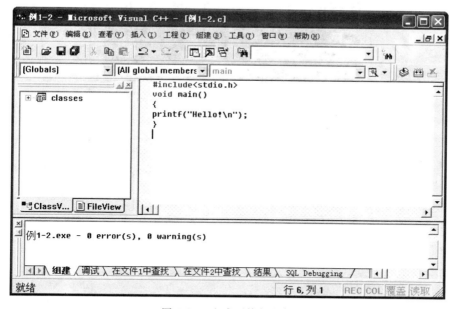

图 1-20　生成可执行文件

行[例 1-2.exe]"命令,如图 1-21 所示。也可以直接按 Ctrl＋F5 键来完成执行。

　　执行后可以看到结果,如图 1-22 所示。

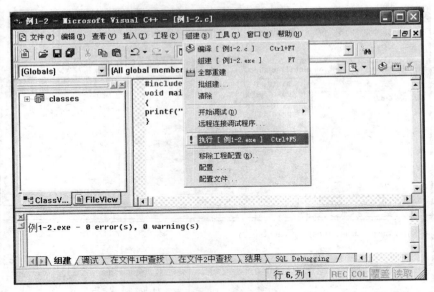

图 1-21 执行可执行文件

图 1-22 执行结果

第 2 章 数据描述与基本操作

知识要点：

（1）主要的数据类型以及相应的存储格式。

（2）各种运算符的含义和使用方法。

（3）各种表达式的结果和计算过程。

（4）类型转换及其转换规则。

技能目标：

（1）掌握各种数据类型的使用方法，熟悉相应的注意事项。

（2）熟练地对各种表达式进行求值。

（3）熟悉每种类型转换的规则和使用场景。

2.1 场 景 导 入

【项目场景】

甲乙两人在玩一个简单的数字游戏，首先甲对一个 4 位整数进行变化，再告诉乙其所用的变化规则，然后由乙来推测变化之前的数值是多少。设甲的变化规则为：首先对该数值的各位数字逆序，然后用新数上的每一位数字加 5 再对 10 取余后得到的余数代替各位上的数字。试推测出原来的数字。现假设所给数据为 4158，程序运行结果如图 2-1 所示。

图 2-1 程序运行结果

【抛出问题】

(1) 变量该如何定义？标识符命名规则是什么？

(2) 所给数字是常量还是变量？按常量存储还是按变量存储？

(3) 各种运算符该如何选择？加减乘除、取余数等各种运算符该如何表示？

(4) 如何实现换行？比如图 2-1 所示的换行。

(5) 如何判断所给数据是整型、浮点型还是字符型等？不同类型的数据该如何转换？

(6) 变量和赋值运算有什么关系？

2.2 数 据 类 型

2.2.1 常量与变量

1. 标识符

标识符是由程序员按照命名规则自己定义的词法符号，用于定义宏名、变量名、函数名以及自定义函数名等。C 语言中构成标识符的命名规则如下。

(1) 标识符只能由字母、数字和下划线三种字符构成。

(2) 标识符的有效长度为 1～32 个字符。

(3) 标识符的第一个字符必须是字母或下划线，后续字符可以是字母、数字或下划线。

(4) 标识符中大写字母和小写字母被认为是不同的字符。如 my、My、MY 是三个不同的标识符。

(5) 标识符不能与任何关键字相同。

表 2-1 列举了几个合法的和非法的标识符名称。

表 2-1   合法、非法的标识符

合法标识符	非法标识符	合法标识符	非法标识符
count	1count	_sum1	screen*
student113	hi!here	intx	b-milk

2. 常量

常量是指那些在程序运行过程中不改变其值的量。比如程序中的具体数字、字符等。通常常量分为以下 5 种类型。

(1) 整型常量。整型常量包括长整数(long)、短整数(short)、有符号整数(int)和无符号整数。常量可以用以下三种形式表示。

① 十进制整数。如 123，−456，0。

② 八进制整数。以 0 开头的数是八进制数。如 0123 表示八进制数 123，即 $(123)_8$，其值为：$1 \times 8^2 + 2 \times 8^1 + 3 \times 8^0$，等于十进制数 83。−011 表示八进制数 −11，即十进制

数-9。

③ 十六进制整数。以 0x 开头的数是十六进制数。如 0x123，代表十六进制数 123，即 $(123)_{16} = 1 \times 16^2 + 2 \times 16^1 + 3 \times 16^0 = 256 + 32 + 3 = 291$。$-0x12$ 等于十进制数 -18。

（2）实型常量。实型常量是一种在程序运行过程中不改变其值的实型数据。实型常量在 C 语言中又叫浮点数。通常有以下两种表示形式。

① 十进制小数形式。它由数字和小数点组成（注意必须有小数点），如 .123、123.、123.0、0.0 都是十进制小数形式。

② 指数形式。如 123e3 或 123E3 都代表 123×10^3。但注意字母 e（或 E）之前必须有数字，且 e 后面的指数必须为整数，如 e3、2.1e3.5、.e3、e 等都不是合法的指数形式。

（3）字符常量。字符型常量包括普通字符常量和转义字符常量。

普通字符常量是由一对单引号括起来的单个字符。如'a'、'A'、'p' 等。注意'a'和'A'是两个不同的字符常量。

转义字符又叫控制字符常量，指除了上述的字符常量外，C 语言中一些特殊的字符常量，例如转义字符\n，其中\是转义的意思。表 2-2 列出了 C 语言中常用的控制字符。

表 2-2 控制字符常量及含义

转义字符序列	ASCII 码表示	描　　述
\a	BEL	响铃,报警
\b	BS	退格
\f	FF	换页
\n	NL	换行
\r	CR	回车
\t	HT	横向制表
\v	VT	纵向制表
\'	'	单引号
\"	"	双引号
\?	?	问号
\\	\	反斜杠
\ooo	ooo	八进制数
\xhh	hh	十六进制数
\0	NUL	空字符

（4）字符串常量。字符串常量是一对双引号括起来的字符序列，如" Hello, world!"、"Nice to see you"、"Thanks!"。

字符串常量的输出格式如下：

```
printf("Hello, world!");
```

不要把字符常量与字符串常量混淆。例如，'c'是字符常量，而"c"是字符串常量，二者是不同的。

下面的写法是正确的：

```
char x1;                                /* 定义一个字符变量 */
x1='c';                                 /* 将字符常量 c 赋值给变量 x1 */
```

而如下写法是错误的：

```
x1="c";                                 /* 不能将字符串常量赋值给字符变量 */
```

> **注意：**
> ① 系统自动在一个字符串的结尾加一个"字符串结束标志"，以便系统据此判断字符串是否结束。C语言规定字符'\0'作为字符串结束标志。如果有一个字符串"name"，实际在内存中它不是占 4B，而是 5B，最后一个字节为'\0'。但在输出时不输出'\0'。
> ② 在 C 语言中没有专门的字符串变量，如果要将一个字符串存放在变量中，以便保存，必须使用字符数组，也就是使用一个字符型数组来存放一个字符串，数组中每一个元素存放一个字符。

（5）符号常量。在 C 语言中，常量可以用符号来命名，这样的常量称为符号常量。符号常量是用♯define 命令定义的，例如，在程序首部写上♯define PI 3.1415926，这表示 PI 就是 3.1415926，符号常量也是常量，所以不能在程序中被再定义。符号常量用大写字母表示，变量用小写字母表示，以示区别。

【例 2-1】 符号常量的使用。

```
#define PI 3.14159
main()
{
double d;
d=PI;                                   //PI 表示 3.14159
printf("a=%f\n", d);
}
```

运行结果如图 2-2 所示。

图 2-2   例 2-1 运行结果

分析：在这个程序中，PI 称为一个标识符。用♯define 来定义 PI 这个标识符的值为 3.14159。这里的♯define 命令并不是程序中的一条命令，它只起到说明的作用。注意，符号常量不同于变量,它的值在作用域内不能改变,也不能再被赋值。若使用语句"PI＝3.14;",就会导致编译出错。使用符号常量的好处在于,当需要改变一个常量时,能做到一改全改,省时省事。

若要更新上例中的 PI 值,只需在说明处改动一下即可。若改为♯define PI 3.14,那么程序中所有使用到 PI 的地方,PI 相应的值都会变为 3.14。

3. 变量

变量是在程序运行中其值可以被修改的量。变量具有三个基本要素:变量说明、变量类型和变量值。一个变量应该有一个名字,在内存中占据一定的存储单元,在该存储单元中存储变量的值。应注意区分变量名和变量值这两个不同的概念。变量名实际是一个符号地址,在对程序链接编译时由系统给每一个变量名分配一个内存地址。程序中从变量取值时,实际上是通过变量名找到相应的内存地址,再从其内存单元中读取数据。

程序中出现的变量由用户按标识符的命名法则并结合在程序中的实际意义对其命名。为提高程序的可读性,变量名应该尽量取得有意义,使得变量名能表示相应的实际意义。

在 C 语言中,如果要用到变量,则必须先对变量进行类型定义,然后才能使用。这就叫强制定义。其优点如下。

(1) 变量使用时不会发生错误。例如,在定义部分没有定义"int teacher"而在程序中写成"teacher＝30;",那么在对程序进行编译时会查出 teacher 没有定义,产生程序错误。

(2) 对变量指定了类型后,在编译时就可给该变量分配内存。

(3) 在一个变量确定了一种类型后,实际上也就确定了对这个变量所能进行的操作。比如对两个整型变量 a、b,则可以进行求余操作 a%b,而对两个实型变量则不能进行求余运算。

C 语言规定变量的定义形式为:

数据类型 变量名列表;

这里的数据类型是指 C 语言的有效数据类型,基本包括整型(int)、字符型(char)和浮点型(float)。变量名列表中,变量与变量之间用逗号隔开。例如:

int i, j, k;

【例 2-2】　变量的使用。

```c
#include <stdio.h>
main()
{
    int n=6;                    //定义并给整型变量赋值
    float x=3.26f;              //定义并给浮点型变量赋值
    char ch1='m';
    int count;
    count=n;
    printf("n=%d\n", n);        //输出各变量的值
```

```
    printf("x=%f\n", x);
    printf("ch1=%c\n", ch1);
    printf("count=%d\n", count);
}
```

运行结果如图 2-3 所示。

图 2-3　例 2-2 程序运行结果

分析：首先定义 4 个变量，然后使用一个简单的赋值语句 count＝n；最后打印出所有变量的数据。其中具体语句的含义后续任务中会陆续介绍。

2.2.2　整型数据

1. 定义

对于任何一个变量来说，在使用之前必须先定义。

定义整型变量的使用格式：

数据类型 变量 1, 变量 2, 变量 3, …;

例如：

```
int a, b;                           /* 定义两个整型变量 a、b */
long c, d, f;                       /* 定义三个长整型变量 c、d、f */
unsigned e;                         /* 定义一个无符号型变量 e */
```

2. 分类

整型变量的基本类型符为 int，在 int 之前可以根据需要分别加上修饰符 short（短整型）或 long（长整型），形成以下 4 类整型的变量。

基本类型——以 int 表示，其取值范围是 -32768～32767，在内存中占两个字节。注意在 Visual C++ 中，基本整型在内存中占 4B。

短整型——类型说明符为 short int 或 int，所占字节和取值范围均与基本类型相同。

长整型——类型说明符为 long int 或 long，在内存中占 4B。

无符号型——类型说明符为 unsigned。其中，无符号型又可以与上述三种类型匹配而构成无符号基本型 unsigned int 或 unsigned、无符号短整型 unsigned short 和无符号长整型 unsigned long。各种无符号类型所占的内存空间字节数与相应的有符号变量相同。但由于省去了符号位，所以不能表示负数。有符号整型变量的最大取值为 32767，而无符号整型变量最大取值为 65535。

以上数据类型的具体情况见表 2-3。

表 2-3 整型数据

数 据 类 型	别 称	解 释	内存中所占位数	表示数值的范围
int	无	基本类型	16	－32 768～＋32 767
short int	short	短整型	16	－32 768～＋32 767
long int	long	长整型	32	－2 147 483 648～＋2 147 483 647
unsigned int	unsigned	无符号整型	16	0～65 535
unsigned short	无	无符号短整型	16	0～65 535
unsigned long	无	无符号长整型	32	0～4 294 967 295

2.2.3 实型数据

实型变量是指在程序运行过程中其值会发生改变的实型数据。

实型变量分为单精度和双精度两种类型，分别使用关键字 float 和 double 来定义，它们的分类情况见表 2-4。

表 2-4 实型数据

数据类型	别 称	解 释	内存中所占字节数	表示数字的范围
float	无	单精度类型	4B	3.4E－38～3.4E＋38
double	无	双精度类型	8B	1.7E－308～1.7E＋308

定义的格式如下：

```
float x;                    /*定义 x 变量是用来表示 float 数据的 */
double y,z;                 /*定义 y、z 变量是用来表示 double 数据的 */
```

注意：对于程序中的实型数据来说，float 型的数据提供 7 位有效数字，double 型的数据提供 15 或 16 位有效数字。

【**例 2-3**】 浮点数的有效位实例。

```
#include <stdio.h>
main()
{
    float x;
    x=0.9876543210;
    printf("%20.18f\n", x);
}
```

运行结果如图 2-4 所示。

分析：在本例中，x 被赋值了一个有效位数为 11 位的数字，但由于 x 为 float 类型，所

图 2-4 例 2-3 运行结果

以 x 只能接收 7 位有效数字。在 printf 语句中,使用格式符号％20.18f,表示 printf 语句在输出 x 时总长度为 20 位,小数点位数占 18 位,输出的结果显示了 20 位数,但只有 0.987654 共 7 位有效数字被正确显示出来,后面的数字是一些无效的数字。这表明 float 型的数据只接收 7 位有效数字。

2.2.4 字符型数据

字符变量用来存放字符,用关键字 char 说明,每个字符变量中只能存放一个字符。例如:

```
char c1, c2, c3;
```

表示 c1、c2、c3 为字符变量,可以用下面的语句对 c1、c2、c3 赋值:

```
c1='a'; c2='b'; c3='c';
```

将一个字符赋给一个字符变量时,并不是将该字符的本身存储到内存中,而是将该字符的 ASCII 码存储到内存单元中。

例如,字符'A'的 ASCII 码为 65,在内存中的存放形式如下:

```
01000001
```

由于在内存中字符以 ASCII 码存放,它的存储形式与整数的存储形式类似,所以 C 语言中字符数据与整型数据之间可以通用,一个字符能用字符的形式输出,也能用整型的数据形式输出,字符数据也能进行算术运算,此时相当于对它们的 ASCII 码进行运算。但是应该注意字符只占一个字节,它只能存放 0～255 范围内的整数。

【例 2-4】 已知小写字母 a 的 ASCII 码是 97,大写字母 A 的 ASCII 码是 65,以字符格式输出整型数的结果是多少? 代码如下:

```
#include <stdio.h>
main()
{
    unsigned int a=36, b=45;          //定义无符号整型变量并赋初值
    printf("a+b=%c\n", a+b);          //求两者之和并以字符型输出
}
```

运行结果如图 2-5 所示。

分析:先求 a 和 b 的和为 81,由于 C 语言中字符型数据和整型数据是通用的,因此 81 按字符型输出应该是大写字母 Q,此处要谨记大写字母 A 的 ASCII 码是 65,小写字母

图 2-5　例 2-4 程序的运行结果

a 的 ASCII 码是 97,只有这样才可以依次推导出其他大小写字母的 ASCII 码值。可以发现大小写字母的 ASCII 码之差为 32。

2.3　运算符与表达式

运算符必须有运算对象,C 语言中的运算符的运算对象如果是一个,就称为"单目运算符"。单目运算符如果放在运算对象的前面,称为"前缀单目运算符";如果放在运算对象的后面,称为"后缀单目运算符"。运算对象如果是两个,称为"双目运算符",双目运算符都是放在两个运算对象的中间;运算对象如果有三个,称为"三目运算符",它是夹在三个运算符对象之间的。现举例如下。

单目运算:-a 中单目运算符为-。

双目运算:a+b 中双目运算符为+。

三目运算符:a<b ? a:b 中三目运算符为"?:"。

2.3.1　算术运算符与算术表达式

1. 算术运算符

C 语言的算术运算符共有 7 个,对应 9 种运算,根据运算对象的个数,可分为双目运算符和单目运算符。各运算符的含义见表 2-5。

表 2-5　算术运算符

类　别	运 算 符	含　　义	备　　注
双目运算符	+	加,如 3+5	自左向右结合
	-	减,如-8	
	*	乘,如 6*8	自左向右结合
	/	除,如 8/4	
	%	求余数,如 9%5	运算对象必须是整数
单目运算符	++	自增 1	运算对象必须是变量
	--	自减 1	运算对象必须是变量
	+	取正	自右向左结合
	-	取负	

基本的算术运算符如下。

(1) 加法运算符(+)。加法运算符为双目运算符,即参与运算的数有两个。如a+b、5+7等。

(2) 减法运算符(-)。减法运算符为双目运算符。但-也可以作负值运算符,此时为单目运算符。如-x、-56等。

(3) 乘法运算符(*)。它是双目运算符,如6*2。

(4) 除法运算符(/)。它是双目运算符。参与运算量均为整型时,结果为整型,舍去小数。如果运算量中有一个是实型,则运算结果为双精度型。

(5) 单目运算符正(+),负(-)。运算时不改变运算对象的值。

C语言的算术运算符具有一般数学运算的特性,具有运算优先级和结合性。所谓"优先级"是指同一个表达式中不同运算符进行计算时的先后次序。而"结合性"是指相同优先级的多个运算符的求值顺序。

2. 算术运算符的运算优先级和结合性

算术运算符的优先级和结合性见表2-6。

表 2-6　算术运算符的优先级和结合性

优 先 级	运 算 符	结 合 性
1	( )	由内向外
2	++	自右向左
	--	
	-(取负)	
3	*	自左向右
	/	
	%	
4	+	自左向右

3. 自增自减运算符

在C语言中还有两个很有用的运算符,即增1和减1运算符++和--。运算符++是给它的操作数加1,而--是减1。

例如:

```
x=x+1;
```

相当于:

```
++x;
```

又如:

```
x=x-1;
```

相当于：

```
--x;
```

增 1 和减 1 这两个运算符既可以放在操作数之前，也可以在其后。

例如：

```
x=x+1;
```

可以写成：

```
++x;
```

也可以写成：

```
x++;
```

然而，若增 1 和减 1 运算符用在表达式中，这两种写法是有区别的。如果运算符在操作数前面，则在表达式引用该操作数之前，先对其做加 1 或减 1 运算；如果运算符在操作数之后，则先引用该操作数，然后再对它做加 1 或减 1 运算。

归纳如下：

＋＋a：先使 a 的值加 1，再使用变量 a。

——a：先使 a 的值减 1，再使用变量 a。

a＋＋：先使用变量 a 的值，再使 a 的值加 1。

a——：先使用变量 a 的值，再使 a 的值减 1。

例如，设 a 和 b 为整型变量，则：

```
a=b=6;
(a++)+b;                      /* 结果为 12,a 的值为 7,b 的值不变 */
(a--)-b;                      /* 结果为 0,a 的值为 5,b 的值不变 */
```

> **注意：**
>
> (1) 自增自减只能用于变量，而不能把它强制加给常量和表达式，例如 3＋＋、(x＋y)——都是不合法的。表达式(x＋y)最后肯定是一个确定的值，常量自减 1 是错误的。
>
> (2) 自增自减的结合方向是从右到左的。

【例 2-5】 使用自增自减运算符进行操作。

```
#include <stdio.h>
main()
{
    int a=20, b=8, c;
    c=a++;                //先赋值后自增
    c=c+8/--b;            //先对变量 b 做自减运算得到 6,然后 8 和 6 整除得到 1,最后加 c
    printf("%d\n", c);
}
```

运行结果如图 2-6 所示。

图 2-6   例 2-5 运行结果

分析：在该例题中，必须对整个过程中变量的变化非常清楚，因为自加运算符在后面，变量 c 首先被赋值为 a 的值 20 后，a 的值才自增 1，所以 c 的值是 20，a 的值为 21。其下面的一个表达式，按照运算符的运算顺序首先对变量 b 做自减运算得到 7，然后 8 和 7 整除得到 1，20 和 1 再做加法运算，得到最终答案为 21。

4. 算术表达式

由算术运算符和圆括号将运算对象连接起来的符合 C 语言语法规则的式子，称为算术表达式。数学中的代数式在程序中就必须用算术表达式来表示，如表 2-7 所示。

表 2-7   用算术表达式表示代数式

代 数 式	算术表达式
$gt^2/2$	g * t * t/2.0
$(x1^2 + x2^2)^{1/2}$	sqrt(x1 * x1+x2 * x2)
$(a+b+c)/(a^{1/2}+bsinx)$	(a+b+c)/(sqrt(a)+b * sin(x))

可见，在算术表达式中，所有的字符都是在一条水平线上，没有上标、下标之分；代数式中乘号运算符可以用点表示，甚至可以省略，但在算术表达式中必须用 * 表示，不能省略；代数式中使用圆括号、方括号、花括号，而在算术表达式中一律使用圆括号，如遇到多重括号，由内向外逐层计算。在上述表达式中出现的 sqrt(a)，sin(x) 等表示调用 C 编译系统提供的库函数，求 a 的平方正根和 x 弧度的正弦值。

2.3.2   赋值运算符与赋值表达式

1. 赋值运算符

C 语言赋值运算符包括基本赋值运算符和复合赋值运算符两种。

1）基本赋值运算符

形式：＝

功能：将赋值运算符右边的表达式的值赋给其左边的变量。

赋值表达式要求赋值运算符＝左边必须是左值，其功能是用右值表达式的值修改左值。赋值表达式的计算顺序是从右向左进行的，运算结果取左值表达式的值。

例如，m＝n＋19 的作用是将 n＋19 的运算结果赋给变量 m。显然，赋值号的左边只能是变量，而不能是常量或表达式。

2）复合赋值运算符

为了简化程序并提高编译效率，C语言允许在赋值运算符＝之前加其他运算符，以构成复合运算符。如果在＝之前加算术运算符，则构成算术复合赋值运算符，如果在＝之前加位运算，则构成位复合赋值运算符，算术复合赋值运算符的用法如下所示。

形式：算术运算符＝

功能：对赋值运算符左右两边的运算对象进行指定的算术运算符的运算，再将运算结果赋予左边的变量。

例如：

```
x+=y;                          /* 等价于 x=x+y; */
x-=y;                          /* 等价于 x=x-y; */
x*=y;                          /* 等价于 x=x*y; */
x/=y;                          /* 等价于 x=x/y; */
x%=y;                          /* 等价于 x=x%y; */
x*=y+1;                        /* 等价于 x=x*(y+1); */
```

显然，复合赋值运算符右边的表达式是一个运算整体，不能把它们分开。如果把"x*＝y+1;"理解为"x=x*y+1;"那就错了。

凡是二元运算符，都可以与赋值符一起组合成复合赋值运算符。C语言规定可以使用10种复合赋值运算符，即：

　　+=　　-=　　*=　　/=　　%=　　<<=　　>>=　　&=　　^=　　|=

C语言采用这种复合运算符，一是为了简化程序，使程序精练，二是为了提高编译效率，有利于编译，能产生质量较高的目标代码。

【例2-6】　复合赋值运算符的使用。

```
#include <stdio.h>
main()
{
    int m, n, a=2, b=3, number;     //定义变量并赋值
    number=356;                     //给number赋初值
    m=number/5;                     //number和5整除的结果赋给m
    n=number%5;                     //number和5取余的结果赋给n
    printf("m=%d\t", m);
    printf("n=%d\n", n);
    a+=m;                           //a=a+m;
    b*=n;                           //b=b*n;
    printf("a=%d\t", a);
    printf("b=%d\n", b);
}
```

运行结果如图2-7所示。

2. 赋值表达式

由赋值运算符和操作数组成的符合语法规则的序列称为赋值表达式。赋值表达式的

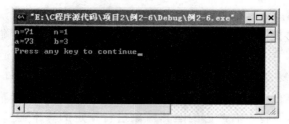

图 2-7   例 2-6 程序的运行结果

计算顺序是从右向左进行的,运算结果取左值表达式的值。

形式:

变量   赋值运算符   表达式

例如:

```
k=(j=1);
```

由于赋值运算符的结合方向是从右到左,因此该赋值表达式等价为 k＝j＝1;。

又如:

```
int a, b, c;
a=3 * 2;                              //表达式的值为 a 的值 6
a=b=4;                                //即 a=4,b=4,整个表达式的值为 a 的值
b+=5 * 3;                             //相当于 b=b+5 * 3;
```

对赋值表达式的理解过程是,将赋值运算符右侧的表达式的值赋给左侧的变量,赋值表达式的值就是被赋值的变量的值。

赋值表达式也可以包含复合的赋值运算符。

例如:

```
x+=x-=x * x;                          这也是一个赋值表达式
```

将赋值表达式作为表达式的一种,使赋值操作不仅可以出现在赋值语句中,而且可以以表达式的形式出现在其他语句中,例如:

```
printf("%d", a=b);
```

如果 b 的值为 1,则输出 a 的值也为 1。在一个语句中完成了赋值输出双重功能。这是 C 语言灵活性的一种表现。

【例 2-7】   给出以下程序的输出结果。

```
#include <stdio.h>
main()
{
    int a=6, b=4, c=3;
    c * = (a++)+(++b);                 //A
    printf("c=%d\n", c);
}
```

运行结果如图 2-8 所示。

图 2-8　例 2-7 运行结果

分析：本例使用了自增运算符和简单的复合赋值运算符。在本程序中，关键之处就在于理解 A 行的执行过程，即：该行等价于 c＝c＊[(a＋＋)＋(＋＋b)]；。一旦清楚了这一点，其他行理解起来就水到渠成了。

2.3.3　关系运算符与关系表达式

1. 关系运算符及其优先次序

C 语言提供以下 6 种关系运算符：

＜	（小于）
＜＝	（小于或等于）
＞	（大于）
＞＝	（大于或等于）

优先级相同（高）

＝＝	（等于）
!=	（不等于）

优先级相同（低）

关系运算符的优先级低于算术运算符，但高于赋值运算符，如图 2-9 所示。

2. 关系表达式

用关系运算符将两个表达式（可以是算术表达式或关系表达式、逻辑表达式、赋值表达式、字符表达式）连接起来的式子，称为关系表达式。如：

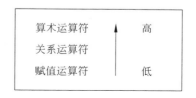

图 2-9　运算符优先级

a>b,a+b>b+c, (a=3)>(b=5),'a'<'b',(a>b)>(b<c)

关系表达式的值是一个逻辑值，即"真"或"假"。例如，关系表达式 5＝＝3 的值为"假"，5＞＝0 的值为"真"。C 语言没有逻辑型数据（PASCAL 语言以 True 表示"真"，以 False 表示"假"），以 1 代表"真"，以 0 代表"假"。例如，a=3,b=2,c=1,则：

关系表达式 a>b 的值为"真"，表达式的值为 1。

关系表达式(a>b)＝＝c 的值为"真"（因为 a>b 的值为 1，等于 c 的值），表达式的值为 1。

关系表达式 b+c<a 的值为"假"，表达式的值为 0。

有以下赋值表达式：

d=a>b　　　　　　　　　　　d 的值为 1。

f=a>b>c   f 的值为 0(因为>运算符是自左至右的结合方向,先执行 a>b 得值
                      为 1,再执行关系运算 1>c,得值 0,赋给 f)。

【例 2-8】 关系表达式的应用。

```
#include "stdio.h"
main()
{
    int a=5, b=8, c=6;
    printf("%d %d\n", a<b, b>2);
    printf("%d %d\n", a<a+b, b>c);
    printf("%d %d\n", a<c, b>c-9);
    printf("%d %d\n", a<b%2, b>c/a);
}
```

运行结果如图 2-10 所示。

图 2-10 例 2-8 运行结果

分析:a=5,b=8,c=6,所以 a<b 成立,结果为 1;b>2 也成立,结果为 1,因此首行
输出 1 1;a<a+b,即 5<13 成立,所以第二行第一个数输出 1,b>c,即 8>6,成立,所以
第二行第二个数也输出 1,其余各行输出结果类似上述分析。

2.3.4 逻辑运算符与逻辑表达式

1. 逻辑运算符及其优先次序

C 语言提供以下三种逻辑运算符。

&&   逻辑与(相当于其他语言中的 AND)

|| 逻辑或(相当于其他语言中的 OR)

!   逻辑非(相当于其他语言中的 NOT)

&& 和||是"双目(元)运算符",它要求有两个运算量(操作数),如(a>b)&&(x>y),(a>b)||(x>y)。"!"是"一目(元)运算符",只要求有一个运算量,如!(a>b)。

a&&b   若 a、b 为真,则 a && b 为真。

a||b   若 a、b 之一为真,则 a || b 为真。

!a   若 a 为真,则! a 为假。

逻辑运算的真值表如表 2-8 所示。

表 2-8 逻辑运算的真值表

a	b	!a	!b	a&&b	a‖b
真	真	假	假	真	真
真	假	假	真	假	真
假	真	真	假	假	真
假	假	真	真	假	假

逻辑运算符的优先次序如下。

（1）！（非）→＆＆（与）→‖（或），即"！"为三者中最高的。

（2）逻辑运算符中的"＆＆"和"‖"低于关系运算符，"！"高于算术运算符。

2. 逻辑表达式

用逻辑运算符将关系表达式或逻辑量连接起来的式子就是逻辑表达式。如前所述，逻辑表达式的值应该是一个逻辑量"真"或"假"。C 语言编译系统在给出逻辑运算结果时，以数值 1 代表"真"，以 0 代表"假"，但在

判断一个量是否为"真"时，以 0 代表"假"，以非 0 代表"真"。即将一个非零的数值认作为"真"。如：

（1）若 a＝4，则！a 的值为 0。因为 a 的值为非 0，被认作"真"，对它进行"非"运算，得"假"，"假"以 0 代表。

（2）若 a＝4，b＝5，则 a＆＆b 的值为 1。因为 a 和 b 均为非 0，被认为是"真"，因此 a＆＆b 的值也为"真"，值为 1。

（3）a、b 值同前，a‖b 的值为 1。

（4）a、b 值同前，！a‖b 的值为 1。

（5）4＆＆0‖2 的值为 1。

通过这几个例子可以看出，由系统给出的逻辑运算结果不是 0 就是 1，不可能是其他数值。而在逻辑表达式中作为参加逻辑运算的运算对象（操作数）可以是 0（"假"）或任何非 0 的数值（按"真"对待）。如果一个表达式中不同位置上出现数值，应区分哪些是作为数值运算或关系运算的对象，哪些作为逻辑运算的对象。如

$$5>3\&\&8<4-!0$$

表达式自左至右扫描求解。首先处理 5＞3（因为关系运算符优先于＆＆）。在关系运算符两侧的 5 和 3 作为数值参加关系运算，5＞3 的值为 1。再进行"1＆＆8＜4－！0"的运算，8 的左侧为＆＆，右侧为＜运算符，根据优先规则，应先进行"＜"的运算，即先进行"8＜4－！0"的运算。现在 4 的左侧为"＜"，右侧为"－"运算符，而"－"优先于"＜"，因此应先进行"4－！0"的运算，由于"！"的级别最高，因此先进行"！0"的运算，得到结果 1。然后进行"4－1"的运算，得结果 3，再进行"8＜3"的运算，得 0，最后进行 1＆＆0 的运算，得 0。

【例 2-9】 逻辑表达式的应用。

```
#include "stdio.h"
void main()
{
    int x, a=5, b=6, c=8;
    x= (a=8)&&(b=6)||(c=5);              //赋值后再判断
    printf("x=%d,a=%d,b=%d,c=%d\n", x, a, b, c);
}
```

运行结果如图 2-11 所示。

图 2-11　例 2-9 程序的运行结果

　　分析：a＝5，b＝6，c＝8，x＝(a=8)&&(b=6)||(c=5)，由左向右执行，赋值 a＝8，b＝6 后，a、b 都是非 0 值，所以它们的逻辑与结果为 1，由于后面是 || 运算，不需要计算后面表达式的值了，变量 c 的结果不改变，仍为 8，所以最终表达式的值为 1，也就是 x 的值为 1。

　　实际上，逻辑运算符两侧的运算对象不但可以是 0 和 1，或者是 0 和非 0 的整数，也可以是任何类型的数据，可以是字符型、实型或指针型等。系统最终以 0 和非 0 来判定它们属于"真"或"假"。如：

`'c' && 'd'`

的值为 1（因为'c'和'd'的 ASCII 值都不为 0，按"真"处理）。

　　逻辑运算的真值表见表 2-9。

表 2-9　逻辑运算的真值表

a	b	!a	!b	a&&b	a||b
非 0	非 0	0	0	1	1
非 0	0	0	1	0	1
0	非 0	1	0	0	1
0	0	1	1	0	0

　　注意：在逻辑表达式的求解中，并不是所有的逻辑运算符都被执行，只是必须执行下一个逻辑运算符才能求出表达式的解时，才执行该运算符。如：

　　（1）a&&b&&c　只有 a 为真（非 0）时，才需要判别 b 的值，只有 a 和 b 都为真的情况下才需要判别 c 的值。只要 a 为假，就不必判别 b 和 c（此时整个表达式已确定为假）。如果 a 为真，b 为假，不判别 c。

　　（2）a||b||c　只要 a 为真（非 0），就不必判断 b 和 c；只有 a 为假，才判别 b；a 和 b 都为假才判别 c。

若有逻辑表达式：(m＝a＞b)＆＆(n＝c＞d)，当 a＝1,b＝2,c＝3,d＝4,m 和 n 的原值为 1 时，由于"a＞b"的值为 0，因此，m＝0，而"n＝c＞d"不被执行，因此 n 的值不是 0 而仍保持原值 1。

2.4　回到场景

通过对 2.2 节和 2.3 节的学习，了解了各种数据类型、运算符以及表达式的使用方法。对于本章场景所提的问题，很容易在上文找到答案。

(1) 因为原变化规则为先将个位上的数字逆序，故将变化后的数字逆序。

(2) 因为变化规则是将各位上的数字加 5 后余 10，故将各位数字减 5 后再余 10，但由于若将各位数字直接减 5 后再余 10 会得到负值，故应先将各位数字加 10 后再减 5 余 10，即加 5 余 10。

程序代码如下：

```
#include <stdio.h>
main()
{
int a, b1, b2, b3, b4, c1, c2, c3, c4;
printf("请输入变化后的数字:\n");
scanf("%d", &a);
b1=a %10;                        //记录个位数字
b2=a/10 %10;                     //记录十位数字
b3=a/100 %10;                    //记录百位数字
b4=a/1000;                       //记录千位数字
c1= (b1+5)%10;                   //将各位数字进行加5余10的反操作
c2= (b2+5)%10;
c3= (b3+5)%10;
c4= (b4+5)%10;
printf("原数字为%d%d%d%d\n", c1, c2, c3, c4);
}
```

运行结果如图 2-12 所示。

图 2-12　本章场景程序的运行结果

2.5 拓 展 训 练

一、选择题

1. 若有代数式 3ae/bc,则以下能够正确表示该代数式的 C 语言表达式是(　　　)。

    A. a/b/c * e * 3　　B. 3 * a * e/b/c　　C. a * e/c/b * 3　　D. 3 * a * e/b * c

2. 以下选项中,合法的一组 C 语言数值常量是(　　　)。

    A. 028　　　　　　　B. 12　　　　　　　C. 177　　　　　　　D. 0x8A

      .5e−3　　　　　　　0xa23　　　　　　　4e1.5　　　　　　　10,000

      −0xf　　　　　　　4.5e0　　　　　　　0abc　　　　　　　3.e5

3. 以下关于 long、int 和 short 类型数据占用内存大小的叙述中正确的是(　　　)。

    A. 均占 4 个字节

    B. 由 C 语言编译系统决定

    C. 由用户自己定义

    D. 根据数据的大小来决定所占内存的字节数

4. 以下选项中不合法的标识符是(　　　)。

    A. _char　　　　　　B. x　　　　　　　C. a? b　　　　　　D. st2_flag

5. 若函数中有定义语句"int k;",则(　　　)。

    A. 系统自动给 k 赋初值 0　　　　　　B. k 中的值无定义

    C. 系统自动给 k 赋初值−1　　　　　　D. k 中无任何值

6. 设变量已正确定义并赋值,以下正确的表达式是(　　　)。

    A. x=y+z+5,++y　　　　　　　　　B. int(15.8%5)

    C. x=y * 5=x+z　　　　　　　　　　D. x=25%5.0

7. 以下选项中不能作为 C 语言合法常量的是(　　　)。

    A. 'ad'　　　　　　B. 0.3e+8　　　　　C. "a"　　　　　　D. '\011'

8. 以下选项中正确的定义语句是(　　　)。

    A. double a;b;　　　　　　　　　　B. double a=b=7;

    C. double a=7,b=7;　　　　　　　　D. double,a,b;

9. 以下不能正确表示代数式 $\dfrac{3ab}{cd}$ 的 C 语言表达是(　　　)。

    A. 3 * a * b/c/d　　B. a * b/c/d * 3　　C. a/c/d * b * 3　　D. 3 * a * b/c * d

10. C 语言中运算对象必须是整型的运算符是(　　　)。

    A. %　　　　　　　B. /　　　　　　　C. =　　　　　　　D. <=

二、填空题

1. 已有定义 char c='';int a=1,b;(此处 c 的初值为空格字符),执行 b=! c&&a;后,b 的值为_____。

2. 若 x,i,j 和 k 都是 int 型变量,则执行表达式 x=(i=4,j=16,k=32)后 x 的值

为_____。

3. 设变量 a 和 b 已正确定义并赋初值。请写出与 a－＝a＋b 等价的赋值表达式_____。

4. 表达式(int)((double)(5/2)＋3.5)的值是_____。

5. 若有定义语句 int a＝8;,则表达式 a＋＋的值是_____。

6. 若有语句 double x＝19; int y;,当执行 y＝(int)(x/5)％2;之后,y 的值为_____。

7. 以下程序的输出结果是_____。

```
#include <stdio.h>
main()
{
int x=20, y=20;
printf("%d,%d\n", x--,--y);
}
```

8. ♯define 命令行定义的常量,称为_____常量。

9. 设 a＝12,则表达式 a＋＝a－＝a＊＝a 的值为_____。

10. 若 x 为 int 型变量,则执行以下语句后 x 的值是_____。

```
x=7;
x+=x-=x+x;
```

三、简答题

1. 简要说明字符常量和字符串常量的区别。

2. 若有表达式 x＝(x＝(x＝3,x＋5),x＊5),请问 x＝? 写出赋值过程。

四、阅读程序,写出运行结果

1.
```
#include <stdio.h>
main()
{   char  c1,c2;
    c1='a';
    c2='b';
    c1=c1-32;
    c2=c2-32;
    printf("%c  %c\n",c1,c2);
}
```

运行结果为_____。

2.
```
#include <stdio.h>
main()
{   int   a=2,b=2;
    int   c;
    c=++a+b;
```

```
        printf("%d,%d,%d\n",a,b,c);
    }
```

运行结果为_____。

```
3.  #include <stdio.h>
    main()
    {
        int a=12,n=5;
        a%=(n%=2);
        printf("%d\n",a);
    }
```

运行结果为_____。

2.6 知 识 链 接

2.6.1 条件运算符与条件表达式

条件运算符由"?:"组成,是 C 语言中唯一的三目运算符,因此要有三个运算对象。定义形式如下:

表达式 1 ? 表达式 2 : 表达式 3

条件表达式的执行过程为:当表达式 1 为真时,以表达式 2 的值作为整个条件表达式的值;反之,以表达式 3 的值为整个表达式的值。在 if 语句中,如果无论表达式是真还是假,都只给同一个变量赋值,这时就可以用简单的条件运算符来处理。

【例 2-10】 输入一个字符,判别它是否小写,若是,将它转换为大写字母,如果不是,不转换。然后输出最后得到的字符。程序代码如下:

```
main()
{
    char ch;
    scanf("%c", &ch);                    //大写字母转换为小写要加 32,反之,减 32
    ch=(ch>='A' && ch<='Z')?ch:(ch-32);  //ch :(ch-32)位置不能颠倒
    printf("%c\n", ch);
}
```

运行结果如图 2-13 所示。

图 2-13 例 2-10 运行结果

分析：从键盘上输入一个字符,先判断是不是 A~Z 之间的大写字母,若是,则直接输出,不要转换,否则执行(ch-32),变为大写字母。

> **说明：**
> (1) 条件运算符优先于赋值运算符。
> (2) 条件运算符的结合方向为自右至左。
> (3) 条件表达式中,表达式1的类型可以与表达式2和表达式3的类型不同。例如 x? 'a':'b'。

2.6.2　逗号运算符与逗号表达式

由逗号运算符和操作数组成的符合语法规则的序列称为逗号表达式,其作用是将若干个表达式连接起来。它们的优先级别在所有的运算符中是最低的,结合方向是从左到右。

逗号表达式的一般形式为：

表达式1, 表达式2, 表达式3, …, 表达式 n

运算过程为：依次计算表达式1的值,再计算表达式2的值,直至计算完所有的逗号表达式。整个表达式的值为表达式 n 的值。下面看几个例子。

例如：

```
x=23, y=12.1, 11.20+x, x+y;
```

该逗号表达式由4个表达式组成,其运算顺序为：将23赋给变量x,将12.1赋给变量y,11.20与变量x的值相加,结果为34.20作为第3个表达式的值,再计算x+y,结果为35.1作为第4个表达式的值,这也是整个表达式的值。

又如：

```
x=8*2, x*4;
```

其计算过程为：先计算 x=8*2,其值为 x=16,再计算 x*4,其值为64。整个表达式的值为 x*4 的值,也就是64。

由于逗号表达式的优先级最低,因此"x=5+5, 10+10;"与"x=(5+5, 10+10);"的作用不同,前者使整数 x 被赋值为10,而整个表达式的值为20;后者由于加了一对圆括号,使 10+10 作为整个表达式的值并赋给变量 x,因此 x 的值为20。

逗号表达式的使用不太多,一般是在给循环变量赋初值时才用到。需要注意的是,并不是所有出现在程序中的逗号都是逗号表达式。比如,函数参数之间的逗号是标点符号,变量定义语句的变量列表中,变量之间的逗号也是标点符号而不是运算符。例如：

```
int x, y, z;
printf("%d,%d,%d", x, y, z);
```

在上面语句中出现的逗号都不是逗号表达式。

有时使用逗号表达式的目的仅仅是为了得到各个表达式的值,而并不是一定要得到和使用整个表达式的值。例如:

```
t=x, x=y, y=t;
```

此逗号表达式的目的是实现变量 x、y 值的互换,而不是使用整个表达式的值。

2.6.3 不同类型数据间的混合运算

当各种数据在一起进行运算时,难免发生不同数据类型的数据参与运算的情况,C 语言采用了类型转换的机制,很好地解决了此问题。类型转换分为隐式类型转换和强制类型转换。其中,隐式类型转换又称为自动转换。

1. 隐式类型转换

隐式类型转换由编译系统自动完成,在隐式类型转换中有如下规则。

(1) 如参与运算的运算量的类型不同,则先转换成同一类型,然后进行运算。

(2) 转换按数据长度增加的方向进行,以保证不降低精度。如 int 型和 long 型运算时,先把 int 型转换成 long 型后再计算。

(3) 所有的浮点运算都是以双精度进行的,即使仅含有 float(单精度)型运算的表达式,也要先转换成 double 型,再作运算。

(4) char 型和 short 型参与运算时,将其先转换成 int 型。

(5) 在赋值运算中,赋值运算符两边的数据类型不同时,赋值运算符右边量的类型先转换成左边量的类型。如果右边量的数据类型长度比左边长时,将丢失一部分数据,这会降低精度,丢失的部分按四舍五入向前舍入。

图 2-14 直观地解释了隐式类型转换的规则。图中的横向箭头表示必定转换,纵向箭头表示当运算对象为不同类型时转换的方向。

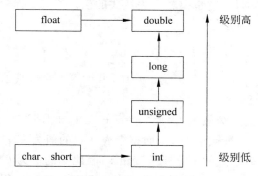

图 2-14   不同数据类型的自动转换规则

例如:

```
char ch='a';
int n=2;
double ff=5.31;
```

```
float f=4.26f;
```

求表达式 ch * n＋f * 1.0－ff 的值。

表达式 ch * n＋f * 1.0－ff 的求解过程如下。

(1) 将 ch 转换为 int 型,计算 ch * n,即 97 * 2,结果为 194。

(2) 将 f 转换为 double 型,计算 f * 1.0,即 4.26 * 1.0,结果为 4.26。

(3) 将 ch * n 的结果 194 转换为 double 型,计算 194.0＋4.26,结果为 198.26。

(4) 计算 198.26－ff,即 198.26－5.31,整个表达式的结果为 192.95。

2. 强制类型转换

C 语言允许将某种数据类型强制性地转换为另一种指定的类型,其表现形式为:

(类型)表达式

例如:

```
(float)x                    /* 将变量 x 转换成 float 类型 */
(int)x+y                    /* 将变量 x 转换成整型类型后再加上变量 y */
(int)(x+y)                  /* 将变量 x 和 y 相加的结果转换成整型 */
(double)36                  /* 将整型常量 36 转换成双精度类型 36 */
```

> **注意**:强制转换实际是一种单元运算,各种数据类型的标识符都可以进行强制转换。但要记住把类型的标识符用()括起来,并且要注意转换的对象是一个变量还是整个表达式。如果是表达式,要用括号括起来。

关于数据类型的强制转换,这里说明两点。

(1) 强制转换是一种不安全的转换。将高精度类型的数据转换为低精度类型的数据时,数据精度会降低。

(2) 类型强制转换是一种暂时的行为,转换过后表达式本身的类型并不会改变。

第3章 顺序结构程序设计

📖 **知识要点：**

(1) 各类 C 语句。

(2) C 语言中格式输入输出函数。

(3) 程序设计的三种基本结构。

(4) 顺序结构程序设计。

✏️ **技能目标：**

(1) 熟悉各类 C 语句的表现形式及功能。

(2) 掌握 printf 函数和 scanf 函数的格式和使用方法。

(3) 掌握程序设计的三种基本结构及执行过程。

(4) 理解顺序结构程序设计的含义和程序执行过程。

(5) 了解单个字符输入输出函数 getchar 函数、putchar 函数。

3.1 场景导入

【项目场景】

霍某工作于上海某公司，正在驾车前往苏州出差的路上，突然接到上级领导电话，目的地改在南京。通过导车载航显示距离南京目的地还有 210km（该车每百千米耗油量7.6升），汽车仪表已显示油量不足，需要加油（92 号汽油），当前实时油价为 7.73 元/升。为保证顺利到达目的地，编程说明霍某至少需要加注的油量及付款金额，得到如图 3-1 所示的输出结果。

图 3-1　项目程序运行结果

【抛出问题】

（1）C 语言中是如何实现数据输入输出的？各种数据类型该使用何种输入输出格式？

（2）C 语言中有哪几类常用的语句？各有什么特点？

（3）程序设计中有哪三种基本结构？各有什么功能？

（4）上述案例程序执行过程是如何进行的？是顺序执行的吗？

（5）C 语言中有哪些常用的输入输出函数？

3.2　C 语句概述

语句是程序中具有确切含义的一行代码，也是构成程序的基本单位，程序的功能就是通过一条条语句的执行而得以实现的。和其他高级语言一样，C 语言中的语句是用来向计算机系统发出操作指令的，每条语句经编译后产生若干条机器指令，一个实际的程序应当包含若干语句。应当指出的是，C 语句都是用来完成一定操作任务的，严格上讲声明部分只是对变量的定义，它不产生机器操作，其内容不应称为语句。由第 1 章可知，一个函数体包含声明部分和可执行部分，可执行部分则由语句组成，C 程序的结构如图 3-2 所示。

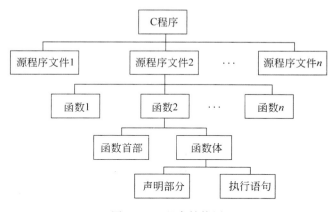

图 3-2　C 程序结构图

根据可执行语句的表现形式及功能的不同，可以把 C 语言的语句划分为以下 5 类。

3.2.1　表达式语句

在 C 语言中，可以由表达式加一个分号构成一个语句。最典型的是，由赋值表达式构成的赋值语句，如"a＝97"是一个赋值表达式；而"a＝97;"是一个赋值语句。

其语句格式为：

表达式；(表达式加分号)

例如：z＝x＋y;、i＋＋;、a＋b;等都是表达式语句。

由此可见,任何表达式都可以加上分号而成为语句,分号是语句中不可缺少的一部分,由于 C 程序中大多数语句是表达式语句,所以有人把 C 语言也称为"表达式语言"。

3.2.2　函数调用语句

由一次函数调用加一个分号构成一个语句,函数调用语句其实也是一种表达式语句,只因为函数在 C 程序中的独特地位,在此便将函数调用语句单独作为一种语句来介绍。

其语句格式为：

函数名(参数列表);

例如：

```
printf("This is a C program !");
scanf("%d",&x);
```

C 程序的主体是函数,而函数的使用除了在表达式中出现外,主要是通过函数调用语句来使用的,所以函数调用语句会在 C 程序中频繁出现,其内容将在第 7 章中详细讲述。

3.2.3　流程控制语句

流程控制语句主要是对程序的执行过程起控制作用。一般说来,程序的执行不可能都是按顺序执行的,有时往往需要根据不同的条件执行不同的语句,这时就需要借助流程控制语句来实现。C 语言中有如下 9 种流程控制语句。

(1) 条件判断语句：if 语句、switch 语句。

(2) 循环语句：for 语句、do-while 语句、while 语句。

(3) 转向语句：goto 语句、break 语句、continue 语句、return 语句。

3.2.4　空语句

空语句,即只有一个分号的语句。它什么也不做,只是形式上的语句,主要用于被转折点,或循环结构语句中(表示循环体什么都不做)。

其语句格式为：

```
;
```

例如：

```
while(getchar()!='\n')
  ;
```

本程序的功能是：只要从键盘上输入的不是回车,则需反复重新输入,这里的循环体为空语句。

3.2.5　复合语句

C 语言中允许把一条或多条语句用一对花括号{}括起来,称为复合语句。
例如:

```
{   int a,b,c;
    sum=a+b+b; aver=sum/3.0;
    printf("sum=%d,aver=%f",sum,aver);
}
```

复合语句在语法上是一个整体,相当于一个语句。凡是能使用简单语句的地方,都可以使用复合语句。一个复合语句中又可以包含另一个或多个复合语句,在复合语句中还可以定义变量。

> **注意**:复合语句{}中各语句都必须以分号";"结尾,最后一个语句的分号也不能省略,而且在{}之外不能再加分号";"。

【**例 3-1**】　C 语句应用举例。

```
/*程序代码【例 3-1】*/
#include "stdio.h"
main()
{
    int x,y;
    x=65;
    y=x+32                 //注意此处没有分号,不是语句,编译时会报错!
    printf("x=%c,y=%c",x,y);
}
```

编译时报错,如图 3-3 所示。

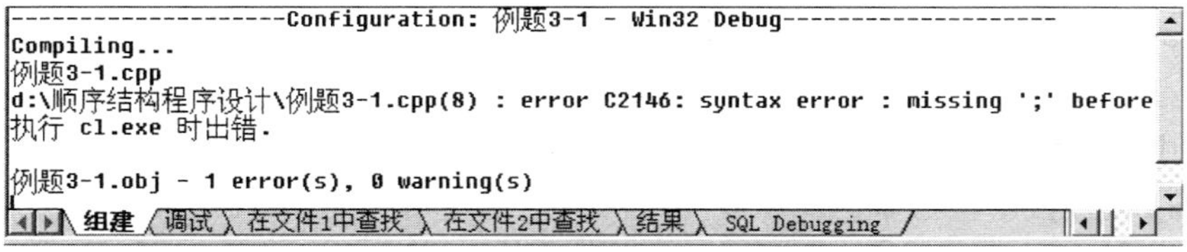

```
--------------------Configuration: 例题3-1 - Win32 Debug--------------------
Compiling...
例题3-1.cpp
d:\顺序结构程序设计\例题3-1.cpp(8) : error C2146: syntax error : missing ';' before
执行 cl.exe 时出错。

例题3-1.obj - 1 error(s), 0 warning(s)
```

图 3-3　编译时报错

解析:对于本例,"y=x+32"后面缺少一个分号,没有构成语句。在 C 语言编译时无法通过,会报出如图 3-3 所示的错误。将表达式修改为"y=x+32;"即会得到所要的结果。

3.3　赋　值　语　句

3.2节中已经介绍,赋值语句是由赋值表达式加上一个分号构成。由于赋值语句的应用十分广泛,所以本节进行专门讨论。

C语言的赋值语句具有其他高级语言赋值语句的一切特点和功能,但也应注意到它们的不同。

(1) C语言中的赋值号"＝"是一个运算符,其他大多数语言中赋值号不是运算符。特别说明:C语言中是用"＝＝"来表示等于号。

(2) 关于赋值表达式与赋值语句的概念,其他多数高级语言没有"赋值表达式"这一概念。作为赋值表达式可以包括在其他表达式中,例如:

```
if((a=b)>0)t=a;
```

按语法规定if后面的()内是一个条件,其作用是:先进行赋值运算(将b的值赋给a),然后判断a是否大于0,若大于0,则执行t＝a。

在if语句中的"a＝b"不是赋值语句而是赋值表达式,如果写成:

```
if((a=b;)>0)t=a;
```

就错了。在if的条件中不能包含赋值语句。由此可以看到,C把赋值语句和赋值表达式区别开来,增加了表达式的种类,使表达式的应用几乎"无孔不入",能实现其他语句中难以实现的功能。

3.4　格式输入与输出

所谓输入输出是以计算机为主体而言的,将外部信息送入计算机内部的过程称为"输入";将计算机内部的信息送出计算机的过程称为"输出"。数据的输入输出操作是计算机中最重要的操作之一,只有通过输入输出操作人们才能实现与计算机交换数据。

C语言本身不提供输入输出语句,输入输出操作是通过函数调用来实现的。在C标准函数库中提供了一些输入输出函数,如printf函数、scanf函数、putchar函数、gerchar函数、puts函数、gets函数等。

> **注意**:读者在使用上述函数时,千万不要误认为它们是C语言提供的"输入输出语句"。

在使用C语言库函数时,要用编译预处理命令"♯include"将有关的"头文件"包含到源程序文件中(在"头文件"中包含被调用函数的有关信息)。在使用标准输入输出库函数时,源程序文件中的编译预处理命令如下:

```
#include "stdio.h"
```

或

```
#include <stdio.h>
```

stdio.h 是 standard input & output 的缩写，它包括与标准 I/O 库有关的变量定义和宏定义。本节将详细介绍格式输入输出 printf 函数和 scanf 函数。

3.4.1 格式输出函数 printf 函数

printf 函数是 C 语言提供的标准输出库函数，其作用是按照指定的格式向终端输出若干个数据。

1. printf 函数的一般调用格式

printf 函数调用语句的格式如下：

printf("格式控制字符串",输出项列表);

例如：printf("sum=%d,aver=%f",sum,aver);

> **说明：**
> (1) 格式控制字符串：是用双引号括起来的字符串，主要用于说明输出项列表中各输出项的输出格式。
> (2) 输出项列表：是需要输出的一些数据，输出项可以是合法的常量、变量或表达式，可以是一个或若干个，各项间以逗号隔开。

下面的 printf() 函数都是合法的：

```
printf("I am a student.\n");              /* 无输出项列表 */
printf("%d",3+2);                         /* 输出项列表为表达式 */
printf("a=%f,b=%5d\n", a, a+3);           /* 多个数据输出 */
```

2. 格式控制字符串

格式控制字符串中通常包括三部分内容：格式指示符、普通字符和转义字符。

1) 格式指示符

格式指示符由"%"和格式字符组成，如%d、%c 等，其作用是将输出的数据转换为指定的格式输出，格式指示符必须由"%"字符开始。在 C 语言中的格式指示的一般形式为：

%[宽度][.精度]格式字符

对于不同类型的数据要用不同的格式字符，常用的格式字符详见表 3-1。

表 3-1 printf 函数常用格式字符及功能

格式字符	功　　能
d	以带符号的十进制形式输出整数（正数不输出符号）
f	以小数形式输出单、双精度实数

续表

格式字符	功　能
c	输出单个字符
s	输出字符串
u	以无符号十进制形式输出整数
o	以八进制形式输出整数(不输出前缀 0)
x 或 X	以十六进制形式输出无符号整数
e 或 E	以指数形式输出单、双精度实数
g 或 G	选用 f 或 e 格式中输出宽度较小的格式,且不输出无意义的 0

(1) d格式符。用来输出十进制整数,有以下几种用法。

① %d,按整型数据的实际长度输出。

② %md,m为指定的输出字段的宽度。如果数据的位数小于 m,则左端补以空格,若大于 m,则按实际位数输出。

例如:

int x=345; printf("%4d", x);的输出结果是"□345"("□"表示空格)。

int y=1234; printf("%3d", a);的输出结果是"1234"。

③ %ld,当变量定义为长整型时,输出长整型数据。

例如:

long z=123789; printf("%ld",z);此时,如果还使用%d 输出,就会发生错误,因为整型数据的范围为−32 768~32 767。

(2) f格式符。以小数形式输出单、双精度实数,有以下几种用法。

① %f,不指定字段宽度,系统自动指定,使整数部分全部如数输出,并输出 6 位小数。

例如:

float x=123.1485; printf("%f", x);的输出结果是"123.148499"。

注意:上例中输出的数值并非全部都是有效数字,单精度实数的有效位数为 7 位。

② %m.nf,m为输出数据所占宽度,其中保留 n 位小数。如果数值长度小于 m,则左端补以空格,若大于 m,则按实际位数输出;小数位大于 n,则四舍五入,不足 n 位右边补零。

③ %-m.nf,它与%m.nf 基本相同,只是使输出的数值向左端靠齐,右端补空格。

【例 3-2】 实数输出举例。

```
/*程序代码【例3-2】*/
#include "stdio.h"
main()
{
```

```
        float y;
        y=123.1485;                              //变量赋初值
        printf("%f,%8.2f,%.2f,%-8.2f",y,y,y,y);
    }
```

输出结果如下：

123.148499,□□123.15,123.15,123.15□□("□"表示空格)。

（3）c格式符。用来输出一个字符。

例如：

char z='A'; printf("%c", z)；的输出结果为大写字母"A"。

> **说明**：其他格式字符的功能及用法，在此处不一一列举了，请各位读者细心查阅相关资料学习掌握。

2）普通字符

普通字符即需要原样输出的字符，在输出时照原样输出。

例如：

```
printf("sum=%d, aver=%f",sum,aver);
```

上例 printf 函数中双引号内的 sum＝、aver＝、逗号、空格都是普通字符，输出时按原样输出。

3）转义字符

转义字符是 C 语言中一种特殊的字符常量，即一个以"\"开头的字符序列。其意思是将反斜杠"\"后面的字符原来的含义进行转换，变成某种另外特殊约定的含义。常见的转义字符详见表 2-2。

例如：

printf("sum＝%d\n",sum)；其中"\n"中的 n 不代表字母 n 而作为"换行"符。

3. 使用 printf 函数时的注意事项

（1）格式字符与输出项的个数要相同、类型要相匹配，否则，可能会输出不正确。

（2）除了 X、E、G 外，其他格式字符必须用小写字母。

（3）若无输出项列表，且格式控制字符串无格式字符，则以普通字符输出。

（4）使用 printf 函数时，需要在源程序中加入 ＃include "stdio. h"命令。

（5）如果想输出字符"％"，应该在"格式控制字符串"中用连续两个％表示。

例如：

```
printf("%f%%",2.0/3);
```

输出：0.666667％

3.4.2　格式输入函数 scanf 函数

scanf 函数是 C 语言提供的标准输入库函数，其作用是按照格式控制字符串指定的格式要求,从终端键盘输入数据,并送到输入项地址列表所指定的内存空间中。

1. scanf 函数的一般调用格式

scanf 函数调用语句的格式如下:

scanf("格式控制字符串",输入项地址列表);

例如:scanf("%d,%f",&a,&b);

> **说明:**
>
> (1) 格式控制字符串:其含义与 printf 函数基本相同,除必需的标点符号外,最好不出现非格式字符串。
>
> (2) 输入项地址列表:类似于 printf 函数的输出项列表,只是在各变量前面加上地址运算符"&",给出了要赋值的各变量的地址。如上例中 &a,&b,表示变量 a、b 的地址。

2. 格式控制字符串

和 printf 函数中格式控制字符相同,以%开始,以一个格式字符结束,中间可以插入附加的字符。scanf 函数常用的格式字符详见表 3-2。

表 3-2   scanf 函数常用格式字符及功能

格 式 字 符	功　　能
d	输入十进制整数
c	输入单个字符
f	输入实型数(小数形式或指数形式)
o	输入八进制整数
x 或 X	输入十六进制整数
u	输入无符号十进制整数
s	输入字符串
e、E、g、G	与 f 作用相同,e、f、g 可相互替换(大小写作用相同)

【例 3-3】　用 scanf 函数输入数据。

```c
/*程序代码【例 3-3】*/
#include "stdio.h"
main()
{   int x,y,sum;
    scanf("%d,%d",&x,&y);                    //调用 scanf 函数输入数据
    sum=x+y;
    printf("sum=%d",sum);
}
```

运行按以下情况输入数据：

64,35↙　　（"↙"代表回车）

输出结果为：

sum＝99

3. 使用 scanf 函数时的注意事项

（1）scanf 函数的输入项地址列表中变量前的地址运算符"&"不可缺少，否则程序运行出错。如 scanf("%d,%d",x,y);不对，应将"x,y"改为"&x,&y"。

（2）格式字符应与输入项的类型相匹配，否则，可能会输入不正确。

（3）格式控制字符串中的普通字符必须按原样输入。

例如：

```
scanf("%d,%d",x,y);
```

输入时应按此形式：64,35↙

> **注意**：上例中输入两个数据间的逗号","必不可少，否则程序输入错误。

（4）使用 scanf 函数时，可指定输入数据的宽度，但不能规定输入数据的精度。

例如：

scanf("%3d,%3d",&x,&y);是正确的，而 scanf("%10.2f",&z);是不合法的。

（5）格式字符应与输入项的个数相同。若格式字符的个数少，则多余输入项未得到（新的）数据；若格式字符的个数多，则多余的格式字符不起作用。

（6）scanf 函数指定输入输出宽度时，系统可自动按格式截取输入数据。

例如：

```
scanf("%3d%3d",&x,&y);
```

输入时若按此形式：123456↙，系统自动将 123 赋值给 x,456 赋值给 y。此方法也可用于字符型数据。

（7）使用 scanf 函数时，需要在源程序中加入 #include "stdio.h"命令。

> **知识链接**
> 单字符输入输出函数 putchar 函数、gerchar 函数等，详见第 3.8 节。

3.5　顺序结构程序设计

3.5.1　程序设计中的三种基本结构

C 语言是面向过程的程序设计语言，而进行程序设计就是设计解题的操作过程；在程序设计中,可以使用程序设计流程来描述解题过程中的各种操作,从而使解题过程直观形象、易于理解。

从程序流程的角度来看,程序设计分为三种基本结构:顺序结构、选择结构和循环结构。实践已证明,由这三种基本结构可以组成所有的各种复杂程序,可以解决任何复杂的问题。

1. 顺序结构

在顺序结构程序设计中,各语句(或命令)是按照位置的先后次序顺序执行的,且每个语句都会被执行到,如图 3-4 所示。其中 A 和 B 顺序执行,即程序入口进来,先执行 A 框所指定的操作,然后执行 B 框所指定的操作。顺序结构是最简单的一种基本结构。

2. 选择结构

选择结构,也称为分支结构。它通过给定条件的判断,来决定下一步所要执行的操作,如图 3-5 所示。在选择结构中必须包含一个判断条件,根据给定的条件 p 是否成立而选择执行 A 框或 B 框。

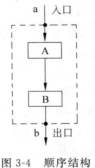
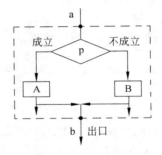

图 3-4   顺序结构   图 3-5   选择结构

> **说明:** 在选择结构中,无论条件 p 是否成立,只能执行 A 框或 B 框之一,不可能既执行 A 框又执行 B 框;同时,A 框或 B 框中可以一个为空的,即不执行任何操作;也允许有多个分支选择条件,该内容详细见第 4 章。

3. 循环结构

循环结构,又称重复结构。即在给定条件成立时,反复执行某一部分操作,直到条件不成立为止,包括以下两类循环结构。

1) 当型循环

如图 3-6 所示,其执行过程为:首先判断给定条件 p1 是否成立,若条件 p1 成立时,反复执行 A 框操作,直到给定的 p1 条件不成立为止,结束循环执行下一条语句。

2) 直到型循环

如图 3-7 所示,其执行过程为:首先执行一次 A 框,然后判断给定的条件 p2 是否成立,如果 p2 条件成立,则重复执行 A 框,直到给定的 p2 条件不成立为止,结束循环执行下一条语句。

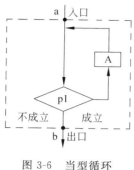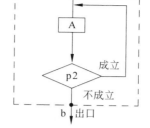

图 3-6　当型循环　　　　　　　　图 3-7　直到型循环

3.5.2　顺序结构程序设计举例

顺序结构程序是在程序执行时,根据程序中语句的书写顺序依次执行的语句序列,且每个语句都会被执行,通常由赋值语句、算术运算和输入输出语句组成,以下简单介绍几个顺序结构程序设计的例子。

【例 3-4】　从键盘上输入任意一个大写字母,要求转换成对应的小写字母输出。

解析:

(1) 定义待输入的大写字母为字符型 c1,转换后的结果为字符型 c2。

(2) 大写字母转换为小写字母,其 ASCII 码值加 32。

程序代码如下:

```
/*程序代码【例 3-4】*/
#include "stdio.h"
main()
{   char c1,c2;
    printf("请输入任意一个大写字母:");
    scanf("%c",&c1);
    c2=c1+32;                          //大写转换成小写
    printf("c1 及对应的 ASCII 码值:%c,%d\n",c1,c1);
    printf("c2 及对应的 ASCII 码值:%c,%d\n",c2,c2);
}
```

运行结果如图 3-8 所示。

图 3-8　例 3-4 程序运行结果

【例 3-5】　从键盘上输入任意三个整数,求它们的和及平均值。

解析：

(1) 定义三个整型变量分别为 n1、n2、n3，其和 sum 为整型，其平均值 aver 为实型。

(2) n1、n2、n3 为任意三个整数，所以本例要调用 scanf 函数实现输入。

程序代码如下：

```
/*程序代码【例3-5】*/
#include "stdio.h"
main()
{   int n1,n2,n3,sum;
    float aver;
    printf("请输入三个整数,相邻以逗号隔开:");
    scanf("%d,%d,%d",&n1,&n2,&n3);
    sum=n1+n2+n3;                        //计算三个数的和
    aver=sum/3.0;                        //计算三个数的平均值
    printf("sum=%d\naver=%.2f\n",sum,aver);
}
```

运行结果如图 3-9 所示。

图 3-9   例 3-5 程序运行结果

注意：思考能否能将题中"aver＝sum/3.0;"中的"3.0"改为"3"。

【例 3-6】 茶杯 A 中盛有红茶，茶杯 B 中盛有绿茶，请将两杯中的茶交换。

解析：要交换茶杯 A、B 中的茶，必须借助第三个茶杯。其过程为：①准备一个空茶杯 temp；②将 A 杯中红茶倒入 temp；③将 B 杯中的绿茶倒入 A 杯中；④将 temp 中的红茶倒入 B 杯中。设计：用整数 6 代表红茶，整数 8 代表绿茶。

程序代码如下：

```
/*程序代码【例3-6】*/
#include "stdio.h"
main()
{   int a,b,temp;
    a=6;b=8;
    printf("茶杯A中盛有:%d,茶杯B中盛有:%d\n",a,b);
    temp=a;
    a=b;
    b=temp;                             //实现两杯茶的交换
    printf("交换后:\n茶杯A中盛有:%d,茶杯B中盛有:%d\n",a,b);
}
```

运行结果如图 3-10 所示。

图 3-10　例 3-6 程序运行结果

【**例 3-7**】　从键盘上输入一个圆球的半径,计算该球的表面积和体积。

解析:

(1) 定义圆球的半径 r 为浮点类型,球的表面积为 s,体积为 v;计算时要用到圆周率 PI,故本题要用到符号常量,通过♯define 定义。

(2) 圆球的半径是从键盘输入的,所以本例要调用 scanf 函数实现输入。

程序代码如下:

```
/*程序代码【例 3-7】*/
#include "stdio.h"
#define PI 3.14
main()
{    float r,s,v;
     printf("请输入圆球的半径 r:");
     scanf("%f",&r);
     s=4*PI*r*r;                        //计算圆球的表面积
     v=4.0/3*PI*r*r*r;                  //计算圆球的体积
     printf("半径为%.2f 的圆球:",r);
     printf("表面积=%.2f,",s);
     printf("体积=%.2f\n",v);
}
```

运行结果如图 3-11 所示。

图 3-11　例 3-7 程序运行结果

3.6　回 到 场 景

通过对 3.2~3.5 节的学习,读者应该已经掌握了 C 语言中实现输入输出函数调用的格式及使用方法,对于 C 语句和顺序结构程序设计也有了清晰的认识。学好了这些内容后,对于完成本项目开始部分中的工作场景内容,就比较容易了。

解析:

(1) 霍某所驾驶的车辆每百千米耗油量7.6升,即每千米耗油量0.076升,距离目的地为210km,故需至少加注油量＝0.076×210＝15.96升。

(2) 当前实时油价为7.73元/升,故需付款金额＝7.73×15.96＝123.37元。

程序代码如下:

```
/*程序代码【第3章场景】*/
#include "stdio.h"
 main()
 {
     float s,v,money;
     printf("请输入千米数:");
     scanf("%f",&s);
     v=s*7.6/100;                        /*计算需加注的汽油量*/
     money=7.73*v;                       //求解付款金额
     printf("需加注汽油(92号):%.2f升\n",v);
     printf("请付款金额(人民币):%.2f元\n",money);
 }
```

运行结果如图3-12所示。

图3-12　项目场景程序的运行结果

3.7　拓　展　训　练

一、选择题

1. 下面合法的赋值语句是(　　)。

　　A. ab＝58　　　　　　　B. k＝int(a＋b);　　C. a＝58,b＝58　　　D. －－i;

2. 下列关于复合语句的说法中错误的是(　　)。

　　A. 复合语句以"{"开头,以"}"结尾

　　B. 复合语句在语法上视为一条语句

　　C. 复合语句内,可以有执行语句,不可以有定义变量

　　D. C程序中的所有语句都必须由一个分号结束

3. printf函数中用到格式符%5s,其中数字5表示输出的字符串占用5列。如果字符串长度大于5,则输出按方式(　　)。

A. 从左起输出该字符串,右补空格　　B. 按原字符串长从左向右全部输出

C. 右对齐输出该字符串,左补空格　　D. 输出错误信息

4. 以下叙述中正确的是(　　　)。

A. 用 C 语言实现的程序算法必须要有输入和输出操作

B. 用 C 语言实现的程序算法可以没有输出,但必须要有输入

C. 用 C 语言实现的程序算法可以没有输入,但必须要有输出

D. 用 C 语言程序的实现算法可以既没有输入,也没有输出

5. 以下程序的输出结果是(　　　)。(_表示空格)

```
#include "stdio.h"
main()
{  printf("\n * s1=%15s * ","chinabeijing");
   printf("\n * s2=%-5s * ","chi");
}
```

A. * s1= chinabeijing_ _ _ *　　　B. * s1= chinabeijing_ _ _ *

　　* s2=**chi *　　　　　　　　　* s2=chi_ _ *

C. * s1= * _ _chinabeijing *　　　D. * s1=_ _ _ chinabeijing *

　　* s2=_ _chi *　　　　　　　　　* s2=chi_ _ *

6. 已有定义 int x;float y;且执行 scanf("%3d%f",&x,&y);语句时,从第一列开始输入数据 12345_678＜回车＞,则 x 的值为(　　　)。(_表示空格)

A. 12345　　　　B. 123　　　　C. 45　　　　D. 345

7. 已有定义 int x;float y;且执行 scanf("%3d%f",&x,&y);语句时,从第一列开始输入数据 12345_678＜回车＞,则 y 的值为(　　　)。(_表示空格)

A. 无定值　　　B. 45.000000　　　C. 678.000000　　　D. 123.000000

8. 有以下程序,执行后的输出结果是(　　　)。

```
#include "stdio.h"
main()
{  int x=10,y=3;
   printf("%d\n",y=x/y);
}
```

A. 3　　　　　　B. 1　　　　　　C. 0　　　　　　D. 不能确定值

9. 一个良好的算法由下面的基本结构组成,但不包括(　　　)。

A. 顺序结构　　　B. 选择结构　　　C. 循环结构　　　D. 跳转结构

10. 结构化程序设计由三种结构组成,三种基本结构组成的程序(　　　)。

A. 可以完成任何复杂的任务　　　B. 只能完成部分复杂的任务

C. 只能完成符合结构化的任务　　　D. 只能完成一些简单的任务

二、填空题

1. 在 C 语言中,字符型数据和整型数据之间可以通用,一个字符数据既能

以_____输出,也能以_____输出。

2. C语句的最后用_____结束。复合语句在语法上被认为是_____。

3. 对于语句:scanf("%3d%3d",&a,&b);若输入 123456,则 b 的值为_____。

4. 格式字符%-md,其中 m 为指定的输出数据的宽度;如果数据的位数小于 m,则左对齐,右端补以_____。

5. 格式字符%md,其中 m 为指定的输出数据的宽度;如果数据的位数小于 m,则右对齐,_____补以空格。

6. 结构化程序设计中的三种基本结构是顺序结构、_____和循环结构。

三、编程题

1. 编写程序完成如下功能:输入一个小于 255 的正整数,输出与该 ASCII 码值对应的字符。

2. 编写程序,输入两个整数:1500 和 350,求出它们的商和余数并进行输出。

3. 编程实现,求方程 $ax^2+bx+c=0$ 的实数根(a,b,c 由键盘输入,a≠0 且 b2-4ac>0)。

4. 输入一个三位数的整数,求出该数每个位上的数字之和。如 123,每个位上的数字和就是 1+2+3=6。

5. 编写程序,把 560 分钟换算成用小时和分钟表示,然后进行输出。

3.8 知识链接

3.8.1 putchar 函数

1. 函数功能

该函数的功能是将指定的表达式的值所对应的字符输出到标准输出终端上。表达式可以是字符型或整型,它每次只能向终端输出一个字符。

2. 函数的一般格式

putchar(ch); /* ch:需要输出的字符,可以是字符变量,也可以是字符常量(包括转义字符) */

【例 3-8】 putchar 函数的应用。

解析:

程序代码如下:

```
/*程序代码【例 3-8】*/
#include "stdio.h"
main()
{   char ch='a';
    putchar(ch);
    putchar(' ');                            //输出空格
    putchar('b');
```

```
    putchar('\n');
  }
```

运行结果如图 3-13 所示。

图 3-13　例 3-8 程序运行结果

3.8.2　getchar 函数

1. 函数功能

该函数的功能是从终端(键盘)输入一个字符,通常把输入的字符赋给一个字符变量,构成赋值语句。

2. 函数的一般格式

```
getchar();                              /* 函数的值是从输入设备得到一个字符 */
```

【**例 3-9**】　getchar 函数的应用(从键盘输入任意大写字母,转换成小写字母)。

解析:

程序代码如下:

```
/* 程序代码【例 3-9】*/
 #include "stdio.h"
 main()
 {   char ch;
     ch=getchar();
     ch=ch+32;
     putchar(ch);
     putchar('\n');
  }
```

运行按以下情况输入数据:

A↙　("↙"代表回车)

运行结果如图 3-14 所示。

图 3-14　例 3-9 程序运行结果

3.8.3　getch 函数

1. 函数功能

该函数的功能是在 Windows 平台下从控制台无回显地取一个字符。

2. 函数的一般格式

getch();

【例 3-10】　getch 函数的应用。

解析:

程序代码如下:

```
/*程序代码【例 3-10】*/
 #include "stdio.h"
 #include <conio.h>
 main()
 {   char ch;
     printf("Input a character:");
     ch=getch();
     printf("\nYou input:%c\n",ch);
 }
```

运行按以下情况输入数据:

A↙　("↙"代表回车)

运行结果如图 3-15 所示。

图 3-15　例 3-10 程序运行结果

3.8.4　puts 函数

1. 函数功能

puts()函数是将字符数组起始地址开始的一个字符串(以'\0'结束的字符序列)输出到终端,并将字符串结束标志'\0'转化成'\n',自动输出一个换行符。

2. 函数的一般格式

puts(s);　　　　　　　　　　　　　　　　　　/*其中 s 为字符串数组名或字符串指针*/

【例 3-11】　puts 函数的应用。

解析：

程序代码如下：

```
/*程序代码【例 3-11】*/
#include "stdio.h"
main()
{
    puts("您好,这是一个 C 程序!");
}
```

图 3-16　例 3-11 程序运行结果

运行结果如图 3-16 所示。

> **说明：** puts() 函数的作用与语句 printf("%s\n",s);的作用相同,可以将字符串直接写入 puts() 函数中,输出至屏幕,如例 3-11 所示。puts() 函数只能输出字符串,不能是数值或进行格式变换。

3.8.5　gets 函数

1. 函数功能

gets() 函数用来从终端输入一个字符串(包括空格)赋给从字符数组起始的存储单元中,直到读入一个回车符为止。回车符读入后,不作为字符串的内容,系统将自动用'\0'替换,作为字符串结束的标志。

2. 函数的一般格式

gets(str);　　　　　　　　　　　　　　　/*其中 str 为字符串数组名或字符串指针*/

例如：

```
char str[20];
gets(str);
```

执行上述语句,若输入：How are you! ↙("↙"代表回车),则将输入的 12 个字符依次存放在 str[0]开始的存储单元中,并在其后自动加入一个字符串结束标志'\0'.

> **注意：** gets(s) 函数与 scanf("%s",&s)相似,但不完全相同,使用 scanf("%s",&s) 函数输入字符串时存在一个问题,就是如果输入了空格会认为字符串结束,空格后的字符将作为下一个输入项处理,但 gets() 函数将接收输入的整个字符串直到遇到换行为止。

备注： 在 C 语言中提供了大量的、多功能的输入输出函数,在此仅对常用的函数做简单的介绍,其他函数在此处不一一列举了,各位读者请细心查阅相关资料学习掌握。

第4章 选择结构程序设计

📎 **知识要点:**

(1) C 语言中的逻辑值。

(2) if 语句实现选择结构。

(3) switch 语句实现多分支选择结构。

(4) if 语句的嵌套。

📝 **技能目标:**

(1) 掌握选择结构程序设计中逻辑值的判断。

(2) 掌握 if 语句实现选择结构的基本方法。

(3) 掌握 if 语句、switch 语句实现多分支选择结构及两者的相互转化。

(4) 理解选择结构程序设计的作用和程序执行过程。

4.1 场 景 导 入

【项目场景】

现有中国工商银行金融理财产品定期存款"整存整取"。其中人民币存期业务分为:三个月、六个月、一年、两年、三年、五年 6 个档次。当前该业务实时年利率:三个月 2.85%,六个月 3.05%,一年 3.25%,两年 3.75%,三年 4.25%,五年 4.75%。试根据所给年利率编程计算出参与该理财产品各客户的利息及本息合计金额,得到如图 4-1 所示的输出结果。

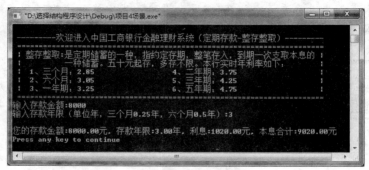

图 4-1 项目程序运行结果

【抛出问题】

（1）在选择结构程序设计中如何实现条件的判断，及各表达式的逻辑值？

（2）if 语句有哪三种形式？各有什么功能和应用？

（3）switch 语句如何实现多分支选择结构？

（4）上述案例程序是选择结构吗？

4.2 if 语句

4.2.1 选择结构概述

选择结构是结构化程序设计的三种基本结构之一，它是根据逻辑判断的结果决定程序的不同流程。C 语言提供了可以进行逻辑判断的若干语句，由这些选择语句可构成程序中的选择结构，通常也称为分支结构。

在计算机程序设计中，逻辑判断的结果，即逻辑值只有两个，分别用"真"和"假"来表示。在 C 语言中，没有专门的"逻辑值"，而是用非 0 表示"真"，用 0 来表示"假"。因此对于任意一个表达式，如果值为 0，就代表一个"假"值；如果值为非零，无论是正数还是负数，都代表一个"真"值。

在选择结构程序设计中，条件的判断通常用关系表达式或逻辑表达式构造，关系表达式和逻辑表达式的运算结果都会得到一个逻辑值。

4.2.2 if 语句的三种形式

if 语句是最常见的条件选择语句，它是通过对给定条件的判断，根据判断的结果来决定下一步所要执行的操作。C 语言提供了三种形式的 if 语句，即单分支结构、双分支结构和多分支结构。

1. 单分支选择语句

语句格式如下：

if(表达式)语句

语句功能：首先判断表达式 p 的值，若为"真"（成立），则执行语句；否则将跳过语句（A 框），执行 if 语句后的下一条语句，如图 4-2 所示。

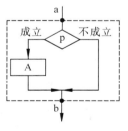

图 4-2 单分支选择语句

> **说明**：图 4-2 中，表达式 p 可以是任意表达式；其中若语句超过一条，则采用复合语句；当表达式的值为非 0 时，其值为"真"，否则为"假"。

【例 4-1】 从键盘上输入考试成绩，若大于等于 60，则显示"恭喜你通过考试"。

解析：定义输入的成绩为任意整数 score；通过 if 中表达式判断输入的成绩是否大于

等于60。

程序代码如下：

```
/*程序代码【例 4-1】*/
#include "stdio.h"
main()
{   int score;
    printf("请输入考试成绩:");
    scanf("%d",&score);
    if(score>=60)                          //if 单分支判断
        printf("恭喜你通过考试\n");
}
```

运行结果如图 4-3 所示。

2. 双分支选择语句

语句格式如下：

```
if(表达式)语句 1
else   语句 2
```

语句功能：首先判断表达式 p 的值,若为"真"(成立),则执行语句 1(A 框);若为"假"(不成立),则执行语句 2(B 框),如图 4-4 所示。

图 4-3　例 4-1 程序运行结果

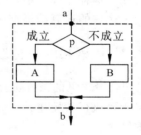

图 4-4　双分支选择语句

【**例 4-2**】　从键盘上任意输入两个整数,求两者的最大值。

解析：定义待输入的两个整数 a,b;通过 if 中双分支结构求解其最大值 max。

程序代码如下：

```
/*程序代码【例 4-2】*/
#include "stdio.h"
main()
{
    int a,b,max;
    printf("请输入两个整数:");
    scanf("%d,%d",&a,&b);
    if(a>b)   max=a;                       //if 条件判断
    else      max=b;
```

```
        printf("两者的最大值是:%d\n",max);
    }
```

运行结果如图 4-5 所示。

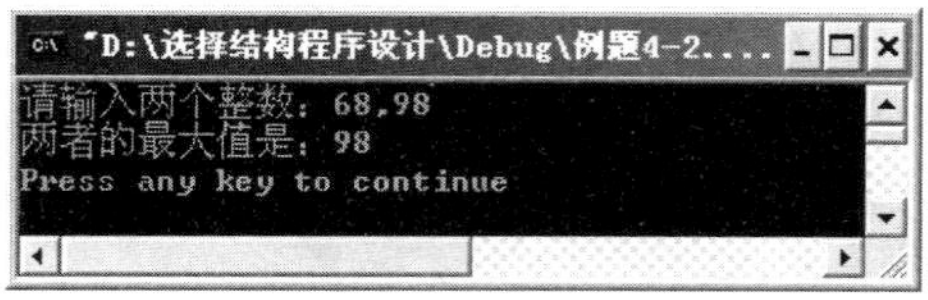

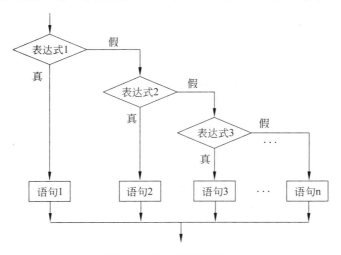

图 4-5　例 4-2 程序运行结果

3. 多分支选择语句

语句格式如下：

```
if(表达式 1)语句 1
else if(表达式 2)语句 2
else if(表达式 3)语句 3
    …
else 语句 n
```

语句功能：用于实现多分支情况的处理。即在多个分支中仅执行表达式为"真"的语句，若所有的表达式都是"假"，则执行最后一个 else 及其下面的语句，如图 4-6 所示。

图 4-6　多分支选择语句

【例 4-3】　从键盘上任意输入一个字符，判断字符类型：数字(0～9)、大写字母(A～Z)、小写字母(a～z)、其他字符。

解析：

(1) 定义待输入的为字符型 c，系统自动转换为其 ASCII 码。

(2) 本例中有多个判断条件，故要使用多分支选择结构。

程序代码如下：

```
/*程序代码【例 4-3】*/
#include "stdio.h"
main()
{    char c;
     printf("请输入一个字符:");
     scanf("%c",&c);
     if(c>='0'&&c<='9')                              //数字条件判断
         printf("你输入的为:数字!\n");
     else if(c>='A'&&c<='Z')                         //大写字母条件判断
         printf("你输入的为:大写字母!\n");
     else if(c>='a'&&c<='z')                         //小写字母条件判断
         printf("你输入的为:小写字母!\n");
     else
         printf("你输入的为:其他字符!\n");
}
```

运行结果如图 4-7 所示。

图 4-7　例 4-3 程序运行结果

知识链接

if 语句的嵌套、条件运算符实现选择结构程序设计,详见第 4.7 节。

4.3　switch 语句

虽然使用 if 语句也能实现多分支结构程序,但是当分支比较多时,if 语句出现的次数太多,程序显得冗长且可读性较差。在 C 语言中,switch 语句专门用于实现多分支结构程序设计,其特点是各分支清晰而直观。

4.3.1　switch 语句概述

1. switch 语句的一般格式

```
switch(表达式)
{    case 常量表达式 1:  语句组 1;  break;
     case 常量表达式 2:  语句组 2;  break;
     …
     case 常量表达式 n:  语句组 n; break;
```

```
        default: 语句组 n+1;
    }
```

2. 语句功能

首先计算 switch 后表达式的值,然后依次与每一个 case 中常量表达式的值进行比较,一旦发现了某个匹配的值,就执行该 case 后面的语句组,直到执行了 break 语句为止。若没有匹配的值,则执行 default 后面的语句组。

> **注意:**
>
> (1) switch 后面括号内的"表达式",ANSI C 标准允许它是任意类型。
>
> (2) switch 语句中 case 后面是常量表达式,不能是变量,且类型必须是整型、字符型;各常量表达式的值必须互不相同,否则会出现错误。要求 switch 后面的表达式值的类型必须与 case 的常量表达式的类型相同。
>
> (3) 执行完一个 case 后面的语句后,流程控制自动转移到下一个 case 继续执行。"case 常量表达式"只是起到语句标号作用,并不是在该处进行条件判断。若要结束执行,需加入 break 语句,所以 switch 语句与 break 语句相结合才能设计出正确的多分支结构程序。
>
> (4) 各 case 与 default 的出现次序不影响执行的结果,甚至在 switch 语句中可以省略 default 子句。
>
> (5) 在关键字 case 与常量表达式之间一定要有空格;case 后面的语句可以是一条或多条语句,多条语句时必须用"{}"将它们括起来,构成一个整体。
>
> (6) 多个 case 可共用一组执行语句。

4.3.2 switch 语句程序设计举例

switch 语句是多选择结构的重要实现方式,虽然其功能完全可以用 if 语句代替,但在实现多分支结构程序设计时,switch 语句更显其优雅,可读性强、易于维护。

【例 4-4】 编写程序,根据输入的学生成绩给出相应的等级(A:90～100,B:80～89,C:70～79,D:60～69,E:60 分以下)。

解析:

(1) 为区分各个分数段,并减少 case 后常量表达式的个数,故可将 0～100 的成绩范围每 10 分为一段,对相应的分数整除 10 后,得到的区间为 A:9～10,B:8,C:7,D:6,E:5～0。例如,89 分,则 87/10 的值为 8,该成绩为 B 等级。

(2) 程序书写时,注意 break 语句的使用。

程序代码如下:

```
/*程序代码【例 4-4】*/
#include "stdio.h"
main()
{   int score,grade;
```

```
    printf("请输入该学生的成绩(0-100):");
    scanf("%d",&score);
    grade=score/10;
    switch(grade)
    {   case 10:
        case 9:printf("您输入的成绩为:%d,等级为:A\n",score);break;
        case 8:printf("您输入的成绩为:%d,等级为:B\n",score);break;
        case 7:printf("您输入的成绩为:%d,等级为:C\n",score);break;
        case 6:printf("您输入的成绩为:%d,等级为:D\n",score);break;
        case 5:
        case 4:
        case 3:
        case 2:
        case 1:
        case 0:printf("你输入的成绩为:%d,等级为:E\n",score);break;
        default:printf("您输入的成绩有误,请重新输入!\n");
    }
}
```

运行结果如图 4-8 所示。

图 4-8   例 4-4 程序运行结果

4.4   选择结构程序设计举例

在 C 语言程序设计中,使用选择结构需要考虑两个问题:一是要判断的条件;二是当判断条件结果不同情况时应该执行什么操作。以下简单介绍几个选择结构程序设计的例子。

【例 4-5】 编写程序,判断一个年份是否为闰年。

解析:

(1) 闰年的条件:年份能被 4 整除,但不能被 100 整除;或者年份能被 400 整除。

(2) 闰年的条件转化为表达式:year%4==0&&year%100!=0||year%400==0。

程序代码如下:

```
/*程序代码【例 4-5】*/
#include "stdio.h"
main()
{   int year;
```

```
printf("请输入一个年份:");
scanf("%d",&year);
if(year%4==0&&year%100!=0||year%400==0)
    printf("%d年是闰年!\n",year);
else
    printf("%d年不是闰年!\n",year);
}
```

运行结果如图 4-9 所示。

图 4-9 例 4-5 程序运行结果

【**例 4-6**】 从键盘上任意输入三个整数,求其最大值。

解析:

(1) 定义 a,b,c 三个整型变量,来存放待输入的三个整数,引入 max 作为中间量,用于存放三个数的最大值。

(2) 执行过程:采用两两比较的方法,即 a,b 先比较,较大的临时存放在 max 中,然后再将 c 与 max 比较,求出三者的最大值。

程序代码如下:

```
/*程序代码【例 4-6】*/
#include "stdio.h"
main()
{   int a,b,c,max;
    printf("请任意输入三个整数(相邻以逗号隔开):");
    scanf("%d,%d,%d",&a,&b,&c);
    if(a>b)
        max=a;
    else
        max=b;
    if(c>max)
        max=c;
    printf("%d,%d,%d 三个数的最大值是:%d\n",a,b,c,max);
}
```

运行结果如图 4-10 所示。

图 4-10 例 4-6 程序运行结果

【例 4-7】 从键盘输入三角形的三边长,利用公式 area＝sqrt(s×(s−a)×(s−b)×(s−c))求三角形的面积,其中 s=(a+b+c)/2.0。

解析:

(1)定义三角形三条边 a,b,c 为浮点类型,注意键盘输入三角形的三条边必须满足构成三角形的原则"两边之和大于第三边"。

(2)由公式 area＝sqrt(s×(s−a)×(s−b)×(s−c))得知,计算过程要对数据开根号,故本题要用到数学函数头文件♯include "math.h"。

程序代码如下:

```
/*程序代码【例 4-7】*/
#include "stdio.h"
#include "math.h"
main()
{   float a,b,c,area,s;
    printf("请任意输入三角形的三条边(相邻以逗号隔开):");
    scanf("%f,%f,%f",&a,&b,&c);
    if(a+b>c&&a+c>b&&b+c>a)
    {
        s=(a+b+c)/2.0;
        area=sqrt(s * (s-a) * (s-b) * (s-c));
        printf("该三角形的面积是:%6.2f\n",area);
    }
    else
        printf("您输入的三条边不能构成三角形!\n");
}
```

运行结果如图 4-11 所示。

图 4-11　例 4-7 程序运行结果

【例 4-8】 已知某公司员工的保底薪水为 1500,某月所接项目的利润 profit(取整数)与利润提成的关系如下(计量单位:元),设计程序求员工的薪水。

profit＜1000	没有提成;
1000≤profit＜2000	提成 10%;
2000≤profit＜5000	提成 15%;
5000≤profit＜10000	提成 20%;
10000≤profit	提成 25%。

解析：

方法一：首先使用 if 多分支语句来实现该案例，注意保底工资是 1500，不要忘记加入工资里；if-else if-else 的使用在此处对应多分支结构。

程序代码如下：

```
/* 程序代码【例 4-8_1】*/
#include "stdio.h"
main()
{   long profit;                        //最好将利润定义为长整型
    float salary=1500;
    printf("请输入您本月的项目利润:");
    scanf("%ld", &profit);
    if(profit<=1000)
        salary=salary;                  //此语句就表示输入的小于等于 1000 的薪水
    else if(profit<=2000)
        salary=salary+profit * 0.1;     //员工薪水求解:工资=底薪+提成
    else if(profit<=5000)
        salary=salary+profit * 0.15;
    else if(profit<=10000)
        salary=salary+profit * 0.2;
    else
        salary=salary+profit * 0.25;
    printf("您的本月薪水金额为:%.2f 元\n", salary);
}
```

运行结果如图 4-12 所示。

图 4-12 例 4-8 程序运行结果

方法二：运用 switch 语句实现该案例；为了使用 switch 语句，必须将利润与提成的关系转换成整数与提成的关系。通过分析本题得知，提成的变化点都是 1000 的整数倍，如果将利润除以 1000，则：

profit≤1000	对应 0,1
1000<profit≤2000	对应 1,2
2000<profit≤5000	对应 2,3,4,5
5000<profit≤10000	对应 6,7,8,9,10
profit>10000	对应 10,11,12,…

为了解决变化区间的重叠问题，最简单的方法就是：利润 profit 先减 1，然后除

以 1000：

profit≤1000	对应 0
1000＜profit≤2000	对应 1
2000＜profit≤5000	对应 2,3,4
5000＜profit≤10000	对应 5,6,7,8,9
profit＞10000	对应 10,11,12,…

程序代码如下：

```
/*程序代码【例 4-8_2】*/
#include "stdio.h"
main()
{   long profit;                                        //最好将利润定义为长整型
    int grade;
    float salary=1500;
    printf("请输入您本月的项目利润:");
    scanf("%ld",&profit);
    grade=(profit-1)/1000; //将利润减 1 再除以 1000,转换成 switch 语句的 case 标号
switch(grade)
    {
        case 0: break;                                  //profit≤1000
        case 1: salary=salary+profit*0.1; break;        //1000<profit≤2000
        case 2:
        case 3:
        case 4: salary=salary+profit*0.15; break;       //2000<profit≤5000
        case 5:
        case 6:
        case 7:
        case 8:
        case 9: salary=salary+profit*0.2; break;        //5000<profit≤10000
        default: salary=salary+profit*0.25;             //profit>10000
    }
    printf("您的本月薪水金额为:%.2f 元\n", salary);
}
```

运行结果如图 4-12 所示。

4.5 回 到 场 景

通过对 4.2～4.4 节的学习，读者应该已经掌握了 if 语句和 switch 语句的使用方法，对于选择结构程序设计也有了清晰的认识。学好了这些内容后，对于完成本章开始部分中的工作场景内容，就比较容易了。

解析：

(1) 整存整取,是定期储蓄的一种,指约定存期,整笔存入,到期一次支取本息的一种储蓄。50 元起存,多存不限。

(2) 中国工商银行,整存整取当前实时年利率,三个月：2.85％；六个月：3.05％；一年：3.25％；两年：3.75％；三年：4.25％；五年：4.75％。

(3) 利息计算方法：本金×年利率。即,三个月：本金×2.85/100/12×3；半年：本金×3.05/100/12×6；一年：本金×3.25/100；两年：本金×3.75/100×2；三年：本金×4.25/100×3；五年：本金×4.75/100×5。

方法一：首先使用 if 多分支语句来实现该项目场景。

程序代码如下：

```
/*程序代码【第 4 章_1 场景】*/
#include "stdio.h"
main()
{   float money,year,profit;
    printf("\n----欢迎进入中国工商银行金融理财系统(定期存款-整存整取)----\n");
    printf("=============================================\n");
    printf(" | 整存整取:是定期储蓄的一种,指约定存期,整笔存入,到期一次支取本息的
                                                              |\n");
    printf(" |           一种储蓄。五十元起存,多存不限。本行实时年利率如下：
                                                              |\n");
    printf(" |   1、三个月:2.85              4、二年期:3.75
                                                              |\n");
    printf(" |   2、六个月:3.05              5、三年期:4.25
                                                              |\n");
    printf(" |   3、一年期:3.25              6、五年期:4.75
                                                              |\n");
    printf("=============================================\n");
    printf("输入存款金额:");
    scanf("%f",&money);
    printf("输入存款年限(单位年,三个月 0.25 年,六个月 0.5 年):");
    scanf("%f",&year);
    if(year==0.25)
    {   profit=money*2.85/100/12*3;
        printf("\n 您的存款金额:%.2f 元,存款年限:%.2f 年, ",money,year);
        printf("利息:%.2f 元,本息合计:%.2f 元\n",profit,money+profit); }
    else if(year==0.5)
    {   profit=money*3.05/100/12*6;
        printf("\n 您的存款金额:%.2f 元,存款年限:%.2f 年, ",money,year);
        printf("利息:%.2f 元,本息合计:%.2f 元\n",profit,money+profit); }
    else if(year==1)
    {   profit=money*3.25/100;
        printf("\n 您的存款金额:%.2f 元,存款年限:%.2f 年, ",money,year);
```

```
        printf("利息:%.2f元, 本息合计:%.2f元\n",profit,money+profit); }
    else if(year==2)
    {   profit=money * 3.75/100 * 2;
        printf("\n您的存款金额:%.2f元, 存款年限:%.2f年, ",money,year);
        printf("利息:%.2f元, 本息合计:%.2f元\n",profit,money+profit); }
    else if(year==3)
    {   profit=money * 4.25/100 * 3;
        printf("\n您的存款金额:%.2f元, 存款年限:%.2f年, ",money,year);
        printf("利息:%.2f元, 本息合计:%.2f元\n",profit,money+profit); }
    else if(year==5)
    {   profit=money * 4.75/100 * 5;
        printf("\n您的存款金额:%.2f元, 存款年限:%.2f年, ",money,year);
        printf("利息:%.2f元, 本息合计:%.2f元\n",profit,money+profit); }
    else
        printf("\n您输入的存款年限有误,请按要求输入!\n");
}
```

运行结果如图 4-13 所示。

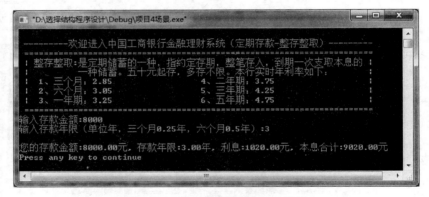

图 4-13   项目场景程序的运行结果

方法二：运用 switch 语句实现该项目场景。为了使用 switch 语句,必须将存款年限转换成整数(三个月 0.25 年,六个月 0.5 年)。通过分析本题得知,存款年限乘以 100 即可(引入变量 NO),则有：存款年限三个月、六个月、一年、两年、三年、五年所对应的 NO 值为：25、50、100、200、300、500。

说明：switch 语句中 case 后面是常量表达式,不能是变量,且类型必须是整型、字符型。所以此处存款年限必须转化为整型。

程序代码如下：

```
/*程序代码【第 4 章_2 场景】*/
#include "stdio.h"
main()
```

```
{    int NO;
    float money,year,profit;
    printf("\n----欢迎进入中国工商银行金融理财系统(定期存款-整存整取)----\n");
    printf("===============================================\n");
    printf(" | 整存整取:是定期储蓄的一种,指约定存期,整笔存入,到期一次支取本息的 |\n");
    printf(" |           一种储蓄。五十元起存,多存不限。本行实时年利率如下: |\n");
    printf(" |  1、三个月:2.85              4、二年期:3.75           |\n");
    printf(" |  2、六个月:3.05              5、三年期:4.25           |\n");
    printf(" |  3、一年期:3.25              6、五年期:4.75           |\n");
    printf("===============================================\n");
    printf("输入存款金额:");
    scanf("%f",&money);
    printf("输入存款年限(单位年,三个月0.25年,六个月0.5年):");
    scanf("%f",&year);
    NO=year*100;
    switch(NO)
    {    case 25: {profit=money*2.85/100/12*3;
                printf("\n您的存款金额:%.2f元,存款年限:%.2f年, ",money,year);
                printf("利息:%.2f元,本息合计:%.2f元\n",profit,money+profit);
                break;}
         case 50: {profit=money*3.05/100/12*6;
                printf("\n您的存款金额:%.2f元,存款年限:%.2f年, ",money,year);
                printf("利息:%.2f元,本息合计:%.2f元\n",profit,money+profit);break;}
         case 100: {profit=money*3.25/100;
                printf("\n您的存款金额:%.2f元,存款年限:%.2f年, ",money,year);
                printf("利息:%.2f元,本息合计:%.2f元\n",profit,money+profit);
                break;}
         case 200: {profit=money*3.75/100*2;
                printf("\n您的存款金额:%.2f元,存款年限:%.2f年, ",money,year);
                printf("利息:%.2f元,本息合计:%.2f元\n",profit,money+profit);
                break;}
         case 300: {profit=money*4.25/100*3;
                printf("\n您的存款金额:%.2f元,存款年限:%.2f年, ",money,year);
                printf("利息:%.2f元,本息合计:%.2f元\n",profit,money+profit);
                break;}
         case 500: {profit=money*4.75/100*5;
                printf("\n您的存款金额:%.2f元,存款年限:%.2f年, ",money,year);
                printf("利息:%.2f元,本息合计:%.2f元\n",profit,money+profit);
                break;}
         default:  printf("\n您输入的存款年限有误,请按要求输入!\n");
    }
}
```

运行结果如图4-13所示。

4.6 拓 展 训 练

一、选择题

1. C语言用(   )表示逻辑"真"的值。

    A. true   B. t 或 y   C. 非零数值   D. 整数 0

2. 能正确表示逻辑关系"a≥10 或 a≤0"的 C 语言表达式是(   )。

    A. a>=10 or a<=0   B. a>=0 && a<=10

    C. a>=10 | a<=0   D. a>=10 || a<=0

3. 表示关系 x≤y≤z 的 C 语言表达式为(   )。

    A. (x<=y)&&(y<=z)   B. (x<=y)AND(y<=z)

    C. (x<=y<=z)   D. (x<=y)&(y<=z)

4. 设有：int a=1,b=2,c=3,d=4,m=2,n=2;执行(m=a>b)&&(n=c>d)后 n 的值为(   )。

    A. 1   B. 2   C. 3   D. 0

5. 以下关于 if 语句的错误描述是(   )。

    A. 条件表达式可为任意表达式,因为数字可以表示真假,字符又可以转换为整数

    B. 条件表达式只能是关系表达式或逻辑表达式

    C. 条件表达式的括号不可以省略

    D. 与 else 配对的 if 语句是其之前最近的未配对的 if 语句

6. 为了避免在嵌套的条件语句 if-else 中产生二义性(混淆不清),C 语言规定：else 子句总是与(   )配对。

    A. 缩排位置相同的 if   B. 其之前最近的 if,且尚未匹配的

    C. 其之后最近的 if   D. 同一行上的 if

7. 有以下程序,程序的输出结果是(   )。

```
#include "stdio.h"
main()
{   int k=-3;
    if(k<=0)printf("****\n")
    else  printf("&&&&\n");
}
```

    A. ####   B. &&&&

    C. ####&&&&   D. 有语法错误不能通过编译

8. 以下程序输出的结果是(   )。

```
#include "stdio.h"
main()
{   int i;
    for(i=0;i<=3;i++)
```

```
switch(i)
{   case 0: printf("%d",i);
    case 2: printf("%d",i);
    default: printf("%d",i);
}
}
```

  A. 022111　　　　　B. 021021　　　　　C. 000122　　　　D. 012

9. 下列关于 switch 语句和 break 语句的结论中,正确的是(　　)。

  A. break 语句不能使用在 switch 语句中

  B. 在 switch 语句中可以根据需要使用或不使用 break 语句

  C. 在 switch 语句中必须使用 break 语句

  D. break 语句不能在 switch 语句中使用

10. 若整型变量 a、b、c、d 中的值依次为 1、4、3、2,则条件表达式 a<b? a:c<d? c:d 的值是(　　)。

  A. 1　　　　　　　B. 2　　　　　　　C. 3　　　　　　　D. 4

二、填空题

1. C 语言提供三种逻辑运算符号,它们是逻辑与、逻辑或和_____。

2. 在 C 语言中用_____表示逻辑"真",用_____表示逻辑"假"。

3. if 语句有三种形式:单分支选择语句、双分支选择语句和_____。

4. switch 语句是_____选择语句。

5. 若 a＝1,b＝2 ,则表达式 a>b? a:b+1 的值是_____。

6. 在 if 语句中又包含一个或多个 if 语句称为_____。

三、阅读程序,写出运行结果

1. 以下程序,运行结果为_____。

```
#include "stdio.h"
main()
{   if(2 * 2==5 <2 * 2==4)
        printf("T");
    else
        printf("F");
}
```

2. 以下程序输出的结果是_____。

```
#include "stdio.h"
main()
{   int a=3,b=4,c=5,t=99;
    if(b<a&&a>c)t=a;a=c;c=t;
    if(a<c&&b>c)t=b;b=a;a=t;
    printf("%d%d%d\n",a,b,c);
```

```
        }
```

3. 若 int i=10;,执行下列程序后,变量 i 的正确结果是_____。

```
switch(i){ case   9:i+=1;
           case  10:i+=1;
           case  11:i+=1;
           default:i+=1;
         }
```

4. 若 int i=10;,执行下列程序后,变量 i 的正确结果是_____。

```
switch(i){ case   9:i+=1;break;
           case  10:i+=1;break;
           case  11:i+=1;break;
           default:i+=1;
         }
```

5. 有以下程序,运行输出的结果是_____。

```
#include "stdio.h"
main()
{   int a=2,b=-1,c=2;
    if(a<b)
        if(b<0)c=0;
    else   c+=1;
    printf("%d\n",c);
}
```

四、编程题

1. 编程实现,输入任意一个整数,打印出它是奇数还是偶数。

2. 编写程序,从键盘上任意输入 5 个整数,输出其最大值。

3. 编写程序,输入任意三个整数,要求按由小到大的顺序输出。

4. 编程实现,求方程 $ax^2+bx+c=0$ 的实数根。

5. 若 a 是值小于 100 的正整数,请将以下 if 语句改写成由 switch 语句构成的多选择结构。

```
if(a<30)m=1;
else if(a<40)m=2;
else if(a<50)m=3;
else if(a<60)m=4;
else m=5;
```

4.7　知　识　链　接

4.7.1　if 语句的嵌套

在 if 语句中又包含一个或多个 if 语句称为 if 语句的嵌套,一般的语句格式如下:

```
if(表达式)
    if(表达式 1)语句 1;
    else 语句 2;
else
    if(表达式 2)语句 3;
    else 语句 4;
```

应该注意的是：①if 语句可以任意嵌套（即嵌套的位置任意，是不固定的）；②if 与 else 的配对关系，else 总是与它上面的最近的且尚未配对的 if 配对，建议 if 语句及内嵌的 if 语句都包含 else 部分，这样 if 的数目和 else 的数目相同，从内层到外层一一对应，不至于出错；如果 if 与 else 的数目不一样时，为增强程序的可读性，可以加花括号"{ }"来确定配对关系。

例如：

```
if(表达式)
{   if(表达式 1)语句 1; }                       //内嵌 if 语句
else
    语句 2;
```

> **说明：**
> （1）并非 if 和 else 子句同时出现的 if 语句才叫嵌套，只要两个语句中有一个出现 if 或 if-else 语句（包含关系），就叫 if 语句的嵌套。
> （2）不断地在 if 或 else 子句中嵌套 if 或 if-else 语句，就构成多层嵌套。当嵌套层数增多，特别是 else 与 if 数目不成对时，其逻辑关系容易产生混乱，建议初学者少用多层嵌套。

【例 4-9】 从键盘上输入一个点的坐标，判断该点在第几象限（假设输入的点不在坐标轴上）。

解析：

（1）点的坐标为(x,y)，因为点不在坐标轴上，即 x≠0，y≠0。

（2）由题可知，当 x>0 时，y 的值分为两种情况：y>0(点在第一象限)、y<0(点在第四象限)；当 x<0 时，y 的值分为两种情况：y>0(点在第二象限)、y<0(点在第三象限)。

程序代码如下：

```
/*程序代码【例 4-9】*/
#include "stdio.h"
main()
{
    int x,y;
    printf"请输入一个坐标点(x≠0,y≠0):");
    scanf("%d %d",&x,&y);                  //输入数据以空格隔开
    if(x>0)                                //if 语句嵌套
        if(y>0)  printf("点(%d,%d)在第一象限\n",x,y);
```

```
else       printf("点(%d,%d)在第四象限\n",x,y);
    else
        if(y>0)  printf("点(%d,%d)在第二象限\n",x,y);
        else       printf("点(%d,%d)在第三象限\n",x,y);
}
```

运行结果如图 4-14 所示。

图 4-14　例 4-9 程序运行结果

注意：

(1) 在多个 if-else 嵌套中,else-if 配对关系不能弄错。一个 else 应与它最近的一个且没有其他 else 配对的 if 组成配对关系。

(2) 在 if 语句中,if 关键字之后都为表达式。该表达式通常是逻辑表达式或关系表达式,但也可以是其他表达式,如赋值表达式等,甚至可以是一个变量。

【例 4-10】　编写程序,判断一个年份是否为闰年(要求：通过 if 语句嵌套来实现)。

解析：

(1) 闰年的条件：年份能被 4 整除,但不能被 100 整除;或者年份能被 400 整除。

(2) 设定以变量 leap 作为标号,当 leap=1 时,为闰年;leap=0 时,为非闰年。

(3) 本题要求通过 if 语句嵌套来实现,注意 if 与 else 的配对关系。

程序代码如下：

```
/*程序代码【例 4-10】*/
#include "stdio.h"
main()
{
    int year,leap;
    printf("请输入一个年份:");
    scanf("%d",&year);
    if(year%4==0)
        if(year%100!=0)
            leap=1;
        else
            leap=0;
    else
        if(year%400==0)
            leap=1;
        else
```

```
        leap=0;
    if(leap)
        printf("%d 年是闰年!\n",year);
    else
        printf("%d 年不是闰年!\n",year);
    }
```

运行结果如图 4-15 所示。

图 4-15　例 4-10 程序运行结果

4.7.2　条件运算符

若 if 语句中,在表达式为"真"和"假"时,且都只执行一个赋值语句给同一个变量赋值时,可以用简单的条件运算符来处理。

例如,若有以下 if 语句:

```
if(a>b)max=a;
else    max=b;
```

可以用下面的条件运算符来处理:

```
max=(a>b)?a:b;
```

1. 条件运算符

条件运算符由两个运算符组成,它们是"?"和":",这是 C 语言中唯一的三目运算符,它的一般形式如下:

```
表达式 1?表达式 2:表达式 3
```

2. 条件运算符的执行过程

当"表达式 1"的值为非零(真)时,求出"表达式 2"的值,此时"表达式 2"的值就是整个条件表达式的值;当"表达式 1"的值为零(假)时,则求解"表达式 3"的值,这时"表达式 3"的值作为整个条件表达式的值,如图 4-16 所示。

max=(a>b)? a:b;执行的结果是将条件表达式的值赋给 max。即首先比较 a 和 b 的大小,然后将 a 和 b 二者的最大值赋给 max。

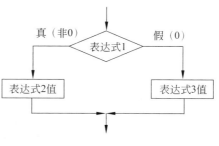

图 4-16　条件表达式

3. 条件运算符的优先级

条件运算优先于赋值运算,但低于关系运算和算术运算。

例如:

```
int x=8,y;
y=x>10?100:200
```

根据优先级,先求解关系表达式 x>10,得到逻辑值 0;然后计算条件运算表达式,得到结果为 200;最后执行赋值运算,把 200 赋给 y。

4. 条件运算符的结合性

条件运算符的结合方向是"自右向左"。如果有以下条件表达式:

```
a>b?a:c>d?c:d
```

则等价于

```
    a>b?a:(c>d?c:d)
```

如果 a=1,b=2,c=3,d=4,则条件表达式的值为 4。

5. 条件表达式的多种形式

```
a>b?(a=100):(b=100)
```

或者

```
a>b?(printf("%d",a):printf("%d",b)
```

或者

定义有整型的 x,字符型的 a,b,有如下条件表达式,也是合法的。

```
x>'a':'b'
```

因此,条件运算符中的三个表达式,既可以是数值表达式,也可以是赋值表达式或函数表达式;表达式 1 的类型与表达式 2、表达式 3 的类型也可以不同,此时表达式的值的类型为二者较高的类型。

例如:

```
a>b?1:2.5
```

当 a<=b 时,该表达式的值为 2.5;当 a>b 时,值为 1,由于 2.5 是实型数据,比整型数据高,因此将 1 转换成 1.0。

【**例 4-11**】 输入一个英文字母,判别它是否小写,若是,将它转换为大写字母,如果不是,不转换。然后输出最后得到的字符。

解析:从键盘上输入一个字符,先判断是不是 A~Z 之间的大写字母,若是,则直接输出,不要转换;否则执行(ch-32),变为大写字母。

程序代码如下:

```
/*程序代码【例4-11】*/
#include "stdio.h"
main()
{
    char ch;
    printf("请输入一个英文字母: ");
    scanf("%c",&ch);                //大写字母转换为小写要加32,反之,减32
    ch=(ch>'A'&&ch<'Z')?ch:(ch-32);          //条件运算符
    printf("%c \n",ch);
}
```

运行结果如图4-17所示。

图4-17 例4-11程序运行结果

说明:

(1) 并非条件表达式都能取代所有if语句,只有当if语句中嵌套的语句是赋值语句,而且两个分支都给同一个变量赋值时,才能替代if语句。

(2) 条件运算符的结合方向为自右至左,条件表达式中,表达式1的类型可以与表达式2和表达式3的类型不同。

第 5 章　循环结构程序设计

![icon] **知识要点：**

(1) while 语句。

(2) do-while 语句。

(3) for 语句。

![icon] **技能目标：**

(1) 熟练使用 while、do-while、for 语句。

(2) 掌握 while、do-while、for 语句的相互转化。

(3) 掌握 break 语句和 continue 语句的功能及使用方法。

(4) 理解循环结构程序设计的作用和程序执行过程。

5.1　场景导入

【项目场景】

上海某高校毕业生李某,大学毕业后打算自主创业,现需要向中国工商银行贷款30 万作为创业启动资金。由于创业初期的各种风险和挑战,李某希望贷款年限至少 5 年以上,尽量拖延还款的期限,且还款利息最好不超过 15 万。此外,银行规定,贷款期限不得超过 30 年。试编程计算,李某最理想的贷款年限(精确到年)及本息合计金额,得到如图 5-1 所示的输出结果。

```
"D:\循环结构程序设计\Debug\项目5场景.exe"
最理想贷款年限: 7年
累计利息: 137550元
本息合计: 437550元
Press any key to continue
```

图 5-1　项目程序运行结果

说明:中国工商银行贷款业务分为两种:短期贷款、中长期贷款。其中,短期贷款分为:六个月(含)、六个月至一年(含);中长期贷款分为:一年至三年(含)、三年至五年(含)、五年以上。当前该业务实时年利率:六个月(含)5.6%,六个月至一年(含)6%,一年至三年(含)6.15%,三年至五年(含)6.4%,五年以上 6.55%。

【抛出问题】

（1）程序设计中循环结构的功能和作用？

（2）循环结构中 while、do-while、for 语句具体是如何使用的？

（3）如何通过循环结构编程实现项目场景所描述的问题？

（4）上述案例程序是循环结构吗？

5.2　while 语句构成的循环

5.2.1　循环结构概述

循环结构是结构化程序设计的三种基本结构之一，在程序设计中对于那些需要重复执行的操作应该采用循环结构来完成，利用循环结构处理各种重复操作既简单又方便。循环结构的特点是：在给定条件成立时，反复执行某一程序段，直到条件不成立为止，给定的条件称为"循环条件"，反复执行的程序段称为"循环体"。

循环结构和顺序结构、选择结构共同作为各种复杂程序的基本构造单元，掌握了这三种基本结构，就可以完成任何复杂的程序任务。因此，熟练掌握循环结构的概念及使用方法是程序设计的基本要求，在 C 语言中主要提供以下三种构成循环的循环语句。

（1）用 while 语句构成的循环；

（2）用 do-while 语句构成的循环；

（3）用 for 语句构成循环结构。

本项目将一一详细介绍。

5.2.2　while 循环结构

while 语句用来实现"当型"循环结构，其一般形式如下：

while(表达式)　循环体

while 循环的执行过程：首先计算表达式的值并判断，若为"真"，执行循环体一次；然后再计算表达式的值，若仍为"真"，则重复执行循环体，直到表达式的值为"假"，结束循环，执行 while 语句后面的语句，如图 5-2 所示。其特点是：先判断表达式，后执行循环体。

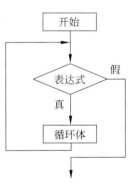

图 5-2　while 循环

说明：

（1）表达式是控制循环体继续执行与否的条件，通常是关系表达式或逻辑表达式，它可以是任何类型的表达式，只要表达式的值为真（非 0）即可继续执行循环。

（2）在 while 循环中，当表达式一开始就为"假"时，循环体可能一次都不执行。

（3）循环体如果包含一个以上的语句，应该用花括号括起来，组成复合语句，否则将只把其中第一条语句作为循环体语句执行。

（4）在循环体中应有使循环趋向于结束的语句，否则会出现"死循环"的现象。

5.2.3 while 循环结构举例

while 循环先计算表达式的值并判断，若表达式值为"真"（即非 0 值），则执行循环体中的语句；然后再计算、判断、执行，如此重复，直到表达式值为"假"（即 0 值）时，跳出循环。

【例 5-1】 用 while 语句编程实现求 $1+2+3+\cdots+100$ 的结果。

解析：设循环变量 i，和 sum，本例中循环结束的条件是"i>100"，i++ 使循环趋向于结束，求和通过变量 sum 累加得到，即 sum=sum+i。

程序代码如下：

```
/*程序代码【例 5-1】*/
#include "stdio.h"
main()
{   int i,sum;
    i=1;sum=0;
    while(i<=100)
    {   sum=sum+i;
        i++;
    }
    printf("1+2+3+…+100=%d\n",sum);
}
```

运行结果如图 5-3 所示。

图 5-3   例 5-1 程序运行结果

5.3　do-while 语句构成的循环

5.3.1　do-while 循环结构

do-while 语句用来实现"直到型"循环结构,其一般形式如下:

```
do
    循环体
while(表达式);
```

do-while 循环的执行过程:先执行一次循环体语句,然后计算表达式的值并判断,若为"真",则重复执行循环体语句,直到表达式的值为"假",退出 do-while 循环,如图 5-4 所示。其特点是,先无条件执行一次循环体,然后判断表达式。

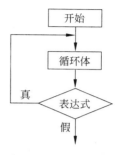

图 5-4　do-while 循环

> **说明:**
> (1) do-while 语句的表达式和 while 语句中表达式一样,通常是关系表达式或逻辑表达式,也可以是任意表达式,表示控制循环条件。
> (2) do-while 语句的特点:先执行后判断。因此,循环体至少无条件执行一次。
> (3) 循环体如果包含一个以上的语句,应该用花括号括起来,组成复合语句。
> (4) do-while 循环由 do 开始,至 while 结束,在 while(表达式)后的";"不可缺少,它表示 do-while 语句的结束。

5.3.2　do-while 循环结构举例

do-while 型循环是先执行后判断的循环,首先无条件地执行一次循环体中的语句,然后计算表达式的值并判断,若表达式值为"真"(即非 0 值),则执行循环体中的语句;然后再计算再判断、执行,如此重复,直到表达式值为"假"(即 0 值)时跳出循环。

【例 5-2】　用 do-while 语句编程实现求 $1+2+3+\cdots+100$ 的结果。

解析: 本例中循环变量 i,累计和 sum,循环结束的条件是"i>100",i++使循环趋向于结束。与例 5-1 进行比较,注意 do-while 语句与 while 语句格式的变化。

程序代码如下:

```
/*程序代码【例 5-2】*/
#include "stdio.h"
main()
{   int i,sum;
    i=1;sum=0;
    do
    {   sum=sum+i;
```

```
        i++;
    } while(i<=100);                    //特别注意此处分号";"不可缺少
    printf("1+2+3+…+100=%d\n",sum);
}
```

运行结果如图 5-5 所示。

图 5-5   例 5-2 程序运行结果

5.3.3   while 和 do-while 循环的比较

1. 语句的功能

对于同一个问题,凡是能用 while 循环处理,都能用 do-while 循环处理。do-while 循环结构与 while 循环结构可以相互转换,二者是完全相同的。

2. 语句执行过程

while 语句用来实现"当型"循环结构,程序执行时要先判断表达式,后执行循环体语句;而 do-while 语句用来实现"直到型"循环结构,程序首先无条件执行循环体语句一次,然后再判断表达式(循环条件)。

3. 语句执行的结果

在一般情况下,用 while 语句和用 do-while 语句处理同一问题时,若二者的循环体部分是一样的,它们的结果也一样。但是如果 while 后面的表达式一开始就为假(0 值)时,两种循环的结果是不同的。

【例 5-3】   while 和 do-while 循环的比较。

例如:

```
#include "stdio.h"              #include "stdio.h"
main()                         main()
{   int i,sum=0;               {   int i,sum=0;
    scanf("%d",&i)                 scanf("%d",&i)
    while(i<=5)                    do
    {   sum=sum+i;                 {   sum=sum+i;
        i++;}                          i++;} while(i<=5)
    printf("sum=%d\n",sum);        printf("sum=%d\n",sum);
}                              }
```

运行按以下情况输入数据: 运行按以下情况输入数据:

1↙ ("↙代表回车)   1↙

```
sum=15                        sum=15
```

再运行一次：   再运行一次：

```
6↙                            6↙
sum=0                         sum=6
```

由例 5-3 可知，当输入 i≤5 时，二者得到的结果相同；当输入 i>5 时，二者结果不同。

5.4 for 语句构成的循环

5.4.1 for 循环结构

用 for 语句构成的循环结构通常称为 for 循环，它是 C 语言所提供的使用最灵活、功能最强的循环语句。

其一般形式如下：

for(表达式 1;表达式 2;表达式 3)语句

for 循环的执行过程如图 5-6 所示。

(1) 先求解(计算)表达式 1。

(2) 计算表达式 2 的值并判断，若其值为"真"，则转步骤(3)；若其值为"假"，则转步骤(5)。

(3) 执行一次 for 循环语句。

(4) 计算表达式 3，转向步骤(1)。

(5) 结束循环。

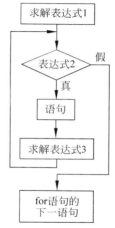

图 5-6 for 循环

表达式 1：通常用来给循环控制变量赋初值，一般为赋值表达式，在整个 for 循环过程中，表达式 1 只执行(计算)一次。表达式 2：循环控制表达式，用于控制循环体语句的执行次数，一般为关系表达式或逻辑表达式。表达式 3：通常用来修改循环控制变量的值，使循环趋于结束，一般是赋值语句。

for 语句最简单、最容易理解的形式为：

for(循环变量赋初值;循环条件;循环变量的增量)语句

例如：

for(i=1;i<=100;i++)sum=sum+i;

说明：

(1) for 语句中的表达式可以部分或全部省略，但两个";"不可缺少。

(2) for 语句中的三个表达式可以是任意有效的 C 语言表达式，允许出现各种形式的与循环无关的表达式,虽然这在语法上是合法的,但这样会降低程序的可读性。建议初学者编写程序时,仅包含上述三种表达式,其他的操作尽量放在循环体内去完成。

(3) 与 while 和 do-while 相比,for 功能更强,以后使用频率也最多。

5.4.2　for 循环结构举例

C 语言中的 for 语句构成的循环使用最为灵活,它不仅可以用于循环次数已确定的情况,而且可以用于循环次数不确定而只给出循环结束条件的情况,它完全可以代替 while 语句。

【例 5-4】　用 for 语句编程实现求 $1+2+3+\cdots+100$ 的结果。

解析:本例中循环变量 i,累计和 sum,循环结束的条件是"i>100"等与例 5-1 中相同,注意 for 语句格式的变化。i++ 使循环趋向于结束。注意与例 5-1、例 5-2 的比较,for 语句与 while 语句、do-while 语句格式的变化。

程序代码如下:

```
/*程序代码【例5-4】*/
#include "stdio.h"
main()
{
    int i,sum=0;
    for(i=1;i<=100;i++)
        sum=sum+i;
    printf("1+2+3+…+100=%d\n",sum);
}
```

图 5-7　例 5-4 程序运行结果

运行结果如图 5-7 所示。

5.4.3　几种循环的比较

1. 循环结构的基本组成

由前面介绍的 while 语句、do-while 语句和 for 语句,可以看出这三种循环结构均由以下 4 部分组成。

(1) 循环变量、循环条件的初始化。

(2) 循环变量、循环条件的检查,以确认是否进行循环。

(3) 循环体的执行。

(4) 循环变量、循环条件的修改,以使循环趋于结束。

2. 几种循环的比较

(1) 三种循环结构都可以用来处理同一个问题,但在具体使用时存在一些细微的差别。如果不考虑可读性,一般情况下它们可以相互代替。

（2）for 语句和 while 语句属于"当型"循环，先判断循环控制条件，后执行循环体；而 do-while 语句属于"直到型"循环，先执行循环体，后进行循环控制条件的判断。for 语句和 while 语句可能一次也不执行循环体，而 do-while 语句至少无条件执行一次循环体。

（3）while 语句和 do-while 语句多用于循环次数不定的情况，对于循环次数确定的情况，使用 for 语句更方便。

（4）while 语句和 do-while 语句只有一个表达式，用于控制循环体是否进行；for 语句有三个表达式，不仅可以控制循环体是否进行，而且能为循环变量赋初值及修改循环控制变量的值，for 语句比 while 语句和 do-while 语句功能更强、更灵活。

> **知识链接**
> go to 语句构成的循环、循环的嵌套，详见 5.9 节。

5.5　break 语句和 continue 语句

在循环结构程序设计中，常使用 break 语句或 continue 语句来改变循环的执行流程。

5.5.1　break 语句

在 4.3 节中已经介绍过用 break 语句使流程跳出 switch 语句体。实际上，break 语句还可以用来从循环体内跳出循环体，即提前结束循环，转向执行循环体下面的语句。

break 语句的一般形式为：

```
break;                          //特别注意此处分号";"不可缺少
```

【例 5-5】　计算 1+2+3+ … +100，累加到 sum 大于 3000 为止，并输出 sum 和 i 的值。

解析：本例中循环变量 i，累计和 sum，循环结束的条件是"sum>3000"，当 sum>3000 时，执行 break 语句，结束循环，执行循环体下面的语句，输出 sum 和 i 的值。

程序代码如下：

```
/*程序代码【例5-5】*/
#include "stdio.h"
main()
{
    int i,sum=0;
    for(i=1;i<=100;i++)
    {   sum=sum+i;
        if(sum>3000)  break;        //break语句结束循环
    }
    printf("sum=%d,i=%d\n",sum,i);
}
```

运行结果如图 5-8 所示。

图 5-8　例 5-5 程序运行结果

> **说明：**
> （1）从例 5-5 可以看出，当 sum＞3000 时，执行 break 语句，提前结束循环，不再继续执行其余的循环了。
> （2）注意 break 语句不能用于循环语句和 switch 语句之外的任何其他语句中。

5.5.2　continue 语句

continue 语句的作用是结束本次循环，跳过循环体中下面尚未执行的语句（continue 后面的语句），开始执行下一次循环。

continue 语句的一般形式为：

```
continue;                              //特别注意此处分号";"不可缺少
```

【例 5-6】　把 1～100 之间能被 7 整除的数输出。

解析：本例中循环变量 n 的初始值为 1，循环结束的条件是"n＞100"，且当 n 不能被 7 整除时，要跳过循环体的输出语句，执行下一次循环，仅把满足条件的结果输出。

程序代码如下：

```
/*程序代码【例 5-6】*/
#include "stdio.h"
main()
{   int n;
    for(n=1;n<=100;n++)
    {   if(n%7!=0)   continue;   //continue 语句结束本次循环，执行下次循环
        printf("%3d",n);
    }
    printf("\n ");
}
```

运行结果如图 5-9 所示。

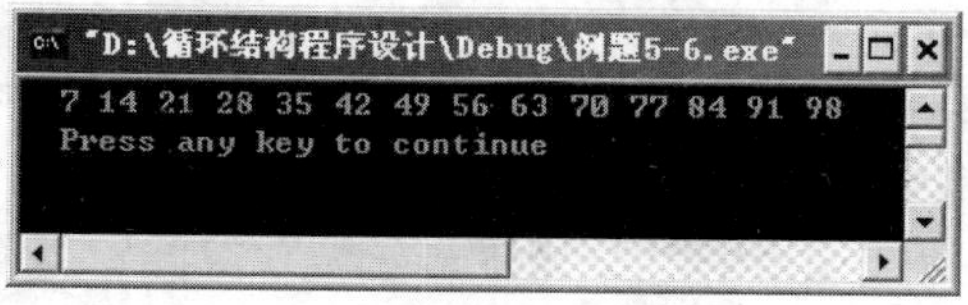

图 5-9　例 5-6 程序运行结果

说明:

(1) 从例 5-6 可以看出,当 n%3! =0 时,执行 continue 语句,结束本次循环,跳过输出语句,执行下一次循环,仅把满足条件的数据输出。

(2) 注意 continue 语句只能用在循环语句的循环体中,是专用于循环结构中改变某一次循环流程的语句。

5.5.3   break 语句和 continue 语句的区别

1. 从应用范围看

break 语句既可以出现在循环语句中,也可以用在 switch 语句中;而 continue 语句只能出现在循环语句的循环体中。

2. 从语句功能来看

continue 语句只是跳过本次循环,执行下一次循环,而不是终止它所在的整个循环语句的执行;break 语句则是终止它所在的整个循环语句的执行,转向执行循环体下面的语句。

例如,以下两个循环结构:

```
while(表达式 1)
{  …
    if(表达式 2)  break;
    …
}
```

```
while(表达式 1)
{  …
    if(表达式 2)  continue;
    …
}
```

它们所执行的流程图如图 5-10 和图 5-11 所示。

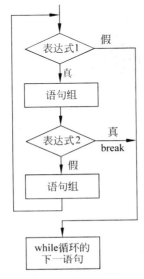

图 5-10   break 语句

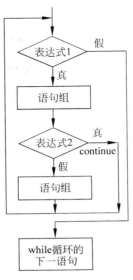

图 5-11   continue 语句

5.6　循环结构程序设计举例

在 C 语言程序设计中,用 while 语句、do-while 语句和 for 语句均能实现循环控制。结合使用 break 语句、continue 语句,还可以改变程序的执行流程,提前退出循环或提前结束本次循环。以下简单介绍几个循环结构程序设计的例子。

【例 5-7】　用 while 语句编写程序计算 100 以内的奇数和。

解析:

(1) 不能被 2 整除的自然数叫奇数,也叫单数,如 1、3、5、7、9、…

(2) 设循环变量 i,和 sum,本例中循环结束的条件是"i>100",i+2 使循环趋向于结束,其和通过 sum=sum+i 累加得到。

程序代码如下:

```
/*程序代码【例5-7】*/
#include "stdio.h"
main()
{   int i,sum;
    i=1;sum=0;
    while(i<=100)
    {   sum=sum+i;
        i=i+2;                    //奇数间隔为2
    }
    printf("100以内的奇数和为:%d\n",sum);
}
```

运行结果如图 5-12 所示。

图 5-12　例 5-7 程序运行结果

【例 5-8】　用 while 语句编写程序计算 n!(阶乘),当计算结果大于等于 10000 时停止计算,并输出 n 的值。

解析:

(1) n! =1×2×3×… ×(n−1)×n。

(2) 设循环变量 n,阶乘 p,本例中循环结束的条件是"p>=10000",n++使循环趋向于结束,阶乘通过 p=p×n 累乘得到。

程序代码如下:

```
/*程序代码【例5-8】*/
```

```
#include "stdio.h"
main()
{   int p,n;
    p=1;n=1;
    while(p<=10000)
    {    p=p*n;
         n++;                                    //n 增加 1
    }
    printf("当第一次 n!>10000 时");
    printf("n!=%d,此时 n=:%d\n",p,n-1);          //最终输出的是 n-1,不是 n
}
```

运行结果如图 5-13 所示。

图 5-13　例 5-8 程序运行结果

【**例 5-9**】　用 do-while 语句编程设置用户登录密码检查。

解析:

(1) 通过字符常量,预设密码和允许用户输入密码的次数(本例预设用户有三次机会)。

(2) 用户输入密码后,程序对其进行验证。当密码正确时,系统提示"欢迎您使用本系统!";密码三次输入均错误时,系统提示"密码错误,您无权使用本系统!"。

程序代码如下:

```
/*程序代码【例 5-9】*/
#include "stdio.h"
#define TIMES    3                      //符号常量定义允许输入密码次数
#define PASSWORD 123456                  //符号常量预设密码为"123456"
main()
{ int i=0,password;
  do
  { printf("请输入密码:");
    scanf("%d",&password);
    if(password==PASSWORD)
       break;
    else   i++;
  }while(i<TIMES);
  if(i<TIMES)
     printf("欢迎您使用本系统!\n");
```

```
    else
        printf("密码错误,您无权使用本系统!\n");
}
```

运行结果如图 5-14 所示。

图 5-14   例 5-9 程序运行结果

【例 5-10】   用 for 语句编程求解 Fibonacci 数列前 12 项。

解析:

(1) Fibonacci 数列的特点是:第 1,2 项的值均为 1,从第 3 项开始,该项都是其前两项之和,即,$f_1 = 1$,$f_2 = 1$,$f_n = f_{n-1} + f_{n-2}$($n \geqslant 3$)。

(2) 本例是一个有趣的古典数学问题:从前有一对长寿的兔子,从出生后第三个月起每个月都生一对兔子。小兔子长到第三个月后每个月又生一对兔子。假设所有兔子都不死,问每个月的兔子总数为多少对(前 12 个月)。

程序代码如下:

```
/*程序代码【例 5-10】*/
#include "stdio.h"
main()
{   long int f1,f2;
    int n;
    f1=1;f2=1;
    for(n=1;n<=6;n++)                        //每次输出两项,故 n<=6
    {   printf("%d %d ",f1,f2);
        f1=f1+f2;
        f2=f2+f1;
    }
    printf("\n");
}
```

运行结果如图 5-15 所示。

图 5-15   例 5-10 程序运行结果

【例 5-11】 用 for 语句(循环嵌套)编程打印九九乘法表。

解析：九九乘法表,又称九九歌,是中国古代筹算中进行乘法、除法、开方等运算中的基本计算规则,沿用到今日,已有两千多年,是从"一一得一"开始,到"九九八十一"止。

程序代码如下：

```
/* 程序代码【例 5-11】*/
#include "stdio.h"
main()
{   int i,j,s;
    printf("=====九九乘法表===========\n");
    for(i=1;i<=9;i++)                        //注意 for 循环的嵌套
    {   for(j=1;j<=i;j++)
        {   s=j*i;
            printf("%d * %d=%-2d ",j,i,s);
        }
        printf("\n");
    }
}
```

运行结果如图 5-16 所示。

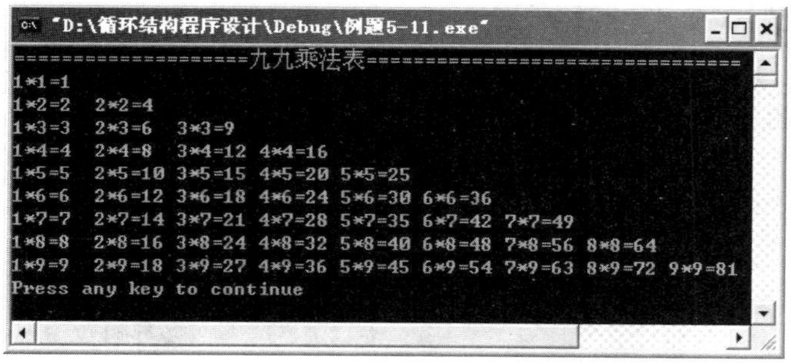

图 5-16　例 5-11 程序运行结果

5.7　回 到 场 景

通过对 5.2~5.6 节的学习,读者应该已经掌握了 while 语句、do-while 语句以及 for 语句的使用方法,对于循环结构程序设计也有了清晰的认识。学好了这些内容后,对于完成本项目开始部分中的工作场景内容,就比较容易了。

解析：

(1) 贷款是银行或其他金融机构按一定利率和必须归还等条件出借货币资金的一种信用活动形式。贷款额度由银行根据借款人资信状况及所提供的担保情况确定具体贷款额度。

(2) 中国工商银行贷款业务 5 年以上当前实时年利率为 6.55%。

（3）本例运用循环结构控制的结束条件应该是累计利息超过 15 万；设 m 为贷款金额，本金和利息之和通过变量 money 得到，即 money＝money＋m×0.0655，循环最大次数可由银行还款最大期限决定。本案例场景用 for 语句构成的循环实现。

程序代码如下：

```
/*程序代码【第 5 章场景】*/
#include "stdio.h"
main()
{   int year;
    float money1,money,m;
    money=300000;                          //初始化为原贷款金额
    m=300000;                              //本金 30 万
    money1=money * 0.0655;                 //贷款年利息
    for(year=1;year<=30;year++)
    {   money=money+money1;                //累加得到最终还款额(本息合计)
        if(money-m>150000)                 //程序出口,利息大于 15 万时
            break;
    }
    printf("最理想的贷款年限为:%d 年\n",year-1);   //注意为 year-1,而非 year
    printf("累计利息:%.0f 元\n",money-money1-m);
    printf("本息合计:%.0f 元\n",money-money1);
}
```

运行结果如图 5-17 所示。

图 5-17   第 5 章场景程序的运行结果

5.8 拓 展 训 练

一、选择题

1. 以下 4 个关于 C 语言中循环结构叙述错误的是(   )。

A. 可以用 while 语句实现的循环一定可以用 for 语句实现

B. 可以用 for 语句实现的循环一定可以用 while 语句实现

C. 可以用 do-while 语句实现的循环一定可以用 while 语句实现

D. do-while 语句与 while 语句的区别仅是关键字"while"出现的位置不同

2. C 语言中 while 和 do-while 循环的主要区别是(   )。

A. do-while 的循环体至少无条件执行一次

    B. while 的循环控制条件比 do-while 的循环控制条件严格

    C. do-while 允许从外部转到循环体内

    D. do-while 的循环体不能是复合语句

3. 设有下面程序段,则描述中正确的是(　　　)。

```
int  k=10;
while(k==0)   k=k-1;
```

    A. 循环体语句一次也不执行　　　　　　B. 循环是无限循环

    C. while 循环执行 10 次　　　　　　　　D. 循环体语句执行一次

4. 设有下面程序段,则描述中正确的是(　　　)。

```
x=-1;
do
{   x=x * x;   }
while(! x);
```

    A. 是死循环　　　　　　　　　　　　　B. 循环执行两次

    C. 循环执行一次　　　　　　　　　　　D. 有语法错误

5. 下面有关 for 循环的正确描述是(　　　)。

    A. for 循环只能用于循环次数已经确定的情况

    B. for 循环是先执行循环体语句,后判断表达式

    C. 在 for 循环中,不能用 break 语句跳出循环体

    D. for 循环的循环体语句中,可以包含多条语句,但必须用花括号括起来

6. 有以下程序,程序的运行结果是(　　　)。

```
#include "stdio.h"
main()
{   int y=9;
    for(; y>0; y--)
        if(y%3==0)printf("%d",--y);
}
```

    A. 741　　　　　　B. 963　　　　　　C. 852　　　　　　D. 875421

7. 以下关于 break 语句和 continue 语句的描述正确的是(　　　)。

    A. continue 语句的作用是结束整个循环的执行

    B. 只能在循环体内和 switch 语句体内使用 break 语句

    C. 在循环体内使用 break 语句或 continue 语句的作用相同

    D. 从多层循环嵌套中退出时,只能使用 goto 语句

8. 以下正确的描述是(　　　)。

    A. goto 语句只能用于退出多层循环

    B. switch 语句中不能出现 break 语句

    C. 用 continue 语句可以实现终止本次循环

D. 在循环中 break 语句不能独立出现

9. 以下程序输出的结果是(　　)。

```
#include "stdio.h"
main()
{   int i,j,x;
    for(i=0; i<2; i++)
    {   x++;
        for(j=0;j<=3;j++)
        {   if(j%2)continue;
            x++;
        }
        x++;
    }
    printf("x=%d\n", x);
}
```

　　A. x＝4　　　　　　B. x＝8　　　　　C. x＝6　　　　　D. x＝12

10. 以下程序输出的结果是(　　)。

```
#include "stdio.h"
main()
{   int i=0,s=0;
    for(;;)
    {   if(i==3||i==5)continue;
        if(i==6)break;
        i++; s=s+i;
    }
    printf("%d\n", s);
}
```

　　A. 10　　　　　　　　　　　　　B. 13

　　C. 21　　　　　　　　　　　　　D. 程序进入了死循环

二、填空题

1. 在 C 语言中,若有 for 循环体语句 for (i＝0；i＜3；i＋＋) printf ("＊")；程序执行时,表达式 1 执行_____次,表达式 3 执行_____次。

2. 一个循环体内又包含另一个完整的循环结构,称为_____。

3. _____语句不能用于循环语句和 switch 语句之外的任何其他语句中。

4. 利用_____语句,可以跳过循环体中下面尚未执行的语句,转向执行下一次循环。

5. goto 语句可与_____语句一起构成循环结构,称为无条件转向循环。

6. 以下程序输出的结果是_____。

```
#include "stdio.h"
```

```
main()
{   int t=1,i=5;
    For(;i>=0;i--)t*=i;
    printf("%d\n",t);
}
```

三、阅读程序，写出运行结果

1. 以下程序的输出结果是_____。

```
#include "stdio.h"
main()
{   int n=12345,d;
    while(n!=0)
    {   d=n%10;printf("%d",d);n/=10;
    }
}
```

2. 以下程序运行结果为_____。

```
#include "stdio.h"
main()
{   int  i=1,sum=0;
    do
    {   sum=sum+i;
        i++;
    }while(i<=5);
    printf("sum=%d";sum);
}
```

3. 以下程序运行结果为_____。

```
#include "stdio.h"
main()
{   int x , y;
    for(y=1; y<10;)
        y=((x=3 * y , x+1), x - 1);
    printf(" x=%d , y=%d \n " , x , y);
}
```

4. 以下程序运行结果为_____。

```
#include "stdio.h"
main()
{   int  r,p=9,area;
    for(r=3;r<10;r++)
    {   area=p * r * r;
        if(area>100)break;
```

```
    }
    printf("area=%d",area);
}
```

5. 以下程序运行结果为_____。

```
#include "stdio.h"
main()
{   int n;
    for(n=1;n<=10;n++)
    {   if(n%3!=0)
        continue;
        printf("n=%d ",n);
    }
}
```

四、编程题

1. 用 while 语句编写程序计算 100 以内的偶数和。

2. 用 while 语句编写程序判断任意一个整数是否素数。

3. 输入两个正整数 n1 和 n2,编程求其最大公约数和最小公倍数。

4. 中国古代数学家张丘建在他的《算经》中提出著名的"百钱百鸡问题":公鸡五块钱一只,母鸡三块钱一只,小鸡三只一块钱。现有一百块钱,需要买一百只鸡,问公鸡、母鸡、小鸡各多少只?

5. 猴子第一天摘下若干个桃子,当即吃了一半,还不过瘾,又多吃了一个。第二天早上又将剩下的桃子吃掉一半,又多吃了一个。以后每天早上都吃了前一天剩下的一半零一个。到第 5 天早上想再吃时,就只剩一个桃子了。求第一天共摘多少桃子。

5.9　知　识　链　接

5.9.1　for 循环的变型

5.4 节中已经介绍了 for 循环格式的一般情况,下面来看看在缺少表达式 1 或表达式 2 或表达式 3 时,这些特殊的 for 循环是如何执行的。

1. for(;表达式 2;表达式 3)

for 语句一般形式中的"表达式 1"可以省略,此时应在 for 语句之前给循环变量赋初值。注意省略表达式 1 时,其后的";"不能省略。如 for(;i<=100;i++) sum=sum+i;执行时,跳过"求解表达式 1"这一步,其他不变。

2. for(表达式 1;;表达式 3)

省略表达式 2,即不判断任何条件,循环无终止地进行下去。也就是认为表达式 2 始终为真(非 0)。

例如：

```
for(i=1;;i++)sum=sum+i;
```

表达式 2 省略，它相当于：

```
i=1;
while(1)
{  sum=sum+i;i++  }
```

3. for(表达式 1;表达式 2;)

表达式 3 也可以省略，但此时程序设计者应另外设法保证循环能正常结束。
例如：

```
for(i=1;i<=100;)
{  sum=sum+i; i++;  }
```

在上例的 for 语句中只有表达式 1、表达式 2，而没有表达式 3，表达式 3(i++)的操作不放在 for 语句的表达式 3 的位置上，而作为循环体的一部分，效果是一样的，都能使循环正常结束。

4. for(;表达式 2;)

可以省略表达式 1 和表达式 3，只给出表达式 2，即只给出循环条件。
例如：

```
for(;i<=100;)
{  sum=sum+i; i++;  }
```

相当于：

```
while(i<=100)
{  sum=sum+i;i++;  }
```

在这种情况下，完全等同于 while 语句。可见 for 语句比 while 语句功能强，除了可以给出循环条件外，还可以赋初值，使循环变量自动增值等。

5. for(;;)

三个语句都省略，相当于 while(1)。即不设初值，不判断循环条件，循环变量不增值，无终止地执行循环体。它是一个死循环，在设计程序时也要借助于本章所讲的 break 语句来结束死循环。

以上介绍的几种省略表达式的 for 语句格式实际上很少使用，在此只是作为读者对该语句的一个了解。

5.9.2　循环的嵌套

循环结构的循环体语句可以是任意合法的 C 语句。若一个循环体内又包含另一个完整的循环结构，称为循环的嵌套。内嵌的循环还可以嵌套循环，这就是多层循环。各种语句中关于循环的嵌套的概念都是一样的。

三种循环(while 循环、do-while 循环、for 循环)可以相互嵌套。例如,以下几种都是合法的形式:

```
(1) while()                          (4) while()
    {  …                                 {  …
       while()                              do
       {…}                                  {…} while();
    }                                    }

(2) do                               (5) do
    {  …                                 {  …
       do                                for(;;)
       {…} while();                      {…}
    } while();                           } while();

(3) for(;;)                          (6) for(;;)
    {                                    {
       for(;;)                              while()
       {…}                                  {…}
    }                                    }
```

【例 5-12】 用嵌套的 for 语句,求 100 以内的素数(质数),并输出它们。

解析:

(1) 素数,又称质数,指在一个大于1的自然数中,除了1和此整数自身外,无法被其他自然数整除的数。

(2) 设任意一个整数 m,判断其是否为素数:为简化程序让 m 被2~sqrt(m)除,如果 m 能被2~sqrt(m)中任何一个数整除,m 不是素数,提前结束循环;如果 m 不能被2~sqrt(m)中任何一个数整除,该数为素数,输出即可。

(3) 在(2)的基础上,外加一个嵌套的 for 循环即可实现 100 以内素数的求解。

程序代码如下:

```
/*程序代码【例5-12】*/
#include "stdio.h"
#include "math.h"
main()
{   int m,k,i,n;
    n=1;m=2;
    printf("%3d",m);              //首先输出特殊的2
    for(m=3;m<=100;m=m+2)         //for 循环(外循环)
    {   k=sqrt(m);
        for(i=2;i<=k;i++)         //for 循环(内循环)
        if(m%i==0)break;
```

```
        if(i>=k+1)
        {   printf("%3d",m);n=n+1;}
        if(n%10==0)printf("\n");              //每输出 10 个行
    }
    printf("\n");
}
```

运行结果如图 5-18 所示。

图 5-18　例 5-12 程序运行结果

【例 5-13】　用嵌套的 for 语句打印如下图形：

```
   *
  ***
 *****
*******
```

解析：由图形可知，为上三角（圣诞树形）共计 4 行"＊"号；设行数控制变量为 i(i 的取值为 0～3)，根据"＊"的排列，其规律为：在每一行打印 3−i 个空格，每行打印 2i−1 个"＊"号。

程序代码如下：

```
/＊程序代码【例 5-13】＊/
#include "stdio.h"
main()
{   int i,j,k;
    for(i=0;i<=3;i++)                      //for 循环嵌套
    {   for(j=3;j>i;j--)
            printf(" ");                   //在每行打印 3-i 个空格
        for(k=0;k<2＊i-1;k++)
            printf("＊");                  //在每行打印 2＊i-1 个星号
        printf("\n");
    }
}
```

运行结果如图 5-19 所示。

5.9.3　goto 语句构成的循环

在 C 语言中，goto 语句可以转向同一函数内任意指定的位置执行，称为"无条件转向

图 5-19　例 5-13 程序运行结果

语句"。goto 语句的一般形式为：

goto 语句标号；
    …
语句标号:语句；

语句功能：改变程序执行的方向,使流程无条件地转向去执行语句标号所标示的语句。

语句标号用标示符表示,它的命名规则与变量名相同,即由字母、数字和下划线组成。且第一个字符必须是字母或下划线,不能用数字作为首字符。

例如：

goto loop_1;

是合法的,而

goto 123p;

是不合法的。结构化程序设计方法主张限制使用 goto 语句,因为滥用 goto 语句使得程序流程无规律、易混淆、可读性差。但是也不是绝对禁止使用,在某些场合,使用 goto 语句可以提高效率,例如,在嵌套的 switch 语句的内层 switch 语句中,利用 break 语句只能一层一层地退出,若采用 goto 语句,可以一次性退出多层 switch 语句。用户在使用 goto 语句时要根据实际情况,酌情使用。

> **说明：**
> (1) 语句标号用标示符后跟冒号组成,放在某一语句行的前面,语句标号起标示语句的作用,与 goto 语句搭配使用。
> (2) goto 语句与 if 语句一起构成循环结构；在 C 语言中 break 语句、continue 语句可以跳出本层循环和结束本次循环,goto 语句使用的机会非常少,只是需要从多层循环的内层跳到外层循环时才用到它；goto 语句不符合结构化程序设计的原则,一般不宜采用,只有在不得已时才使用。

【例 5-14】　用 if 语句和 goto 语句构成循环,求 1＋2＋3＋ … ＋100 的结果。

解析：设语句标号为 loop,循环变量 i,和 sum,循环结束的条件是"i＞100",i＋＋使循环趋向于结束,求和通过 sum＝sum＋i 累加得到。

程序代码如下：

```
/*程序代码【例5-14】*/
#include "stdio.h"
main()
{   int i,sum;
    i=1;sum=0;
    loop:if(i<=100)
    {   sum=sum+i; i++;
        goto loop;
    }
    printf("1+2+3+…+100=%d\n",sum);
}
```

运行结果如图5-20所示。

图 5-20 例 5-14 程序运行结果

第 6 章 数 组

📖 知识要点：

(1) 一维、二维数组的定义和引用方式。

(2) 多维数组的形式和含义。

(3) 字符数组的定义、引用方式以及常用字符处理函数的使用方法。

✍ 技能目标：

(1) 掌握一维、二维数组的定义、初始化和引用方法。

(2) 了解多维数组的使用方法。

(3) 熟练掌握字符数组。

(4) 了解常用的字符处理函数。

6.1 场景导入

【项目场景】

某企业组织员工进行歌唱比赛，需要对各位参赛选手进行打分，比赛规则如下：共有
8 位评委进行打分（0～100 分），选手的最终成绩为：去掉一个最高分和一个最低分后其
余 6 个分数的平均值。根据比赛规则计算每位歌唱选手的最终成绩（假设各位评委的打
分分数作为用户的输入）。现假设所给数据为：77 78 89 75 80 82 76 70，程序
运行结果如图 6-1 所示。

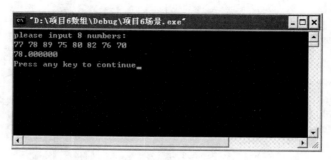

图 6-1 项目场景运行结果

【抛出问题】

(1) 评委的数据该如何存储,还是使用变量吗?

(2) 对于评委所给分数采用数组存储字符型数组、整型数组还是浮点型等? 采用一维数组存储还是二维数组存储?

(3) 如何对数组置初始值 0 分?

6.2 一 维 数 组

6.2.1 一维数组的定义与引用

1. 一维数组的定义格式

类型说明符 数组名[常量表达式];

"类型说明符"指定数组元素的类型,可以是基本数据类型,也可以是已定义过的某种数据类型;"数组名"用来标识数组,它是由用户自定义的标识符;"常量表达式"必须是整型数据,其值为数组的长度,即数组的元素个数;"[]"表示定义数组。

例如:

int num[10];

表示数组名为 num,此数组有 10 个元素。

数组经过定义之后,系统会为其分配一块连续的存储空间。该空间的大小为:

n×sizeof(元素类型)

其中 n 为一维数组的长度。例如,已定义了一个整型的一维数组"int s[5];",其在内存中存放的顺序如下所示(假设内存地址从 1000 开始):

各元素起始地址	1000	1002	1004	1006	1008
各数组元素	s[0]	s[1]	s[2]	s[3]	s[4]

2. 一维数组的引用格式

数组名[下标]

> **注意:**
> (1) 一个数组中的每个元素类型均相同,长度为 n 的数组下标范围为 $0 \sim n-1$。
> (2) 数组必须明确定义,以便编译程序在内存中给它们分配空间。
> (3) 数组名由用户指定,命名规则和变量名相同,遵循标识符定义规则。
> (4) 数组名后必须用方括号括起常量表达式,不能用圆括号。

6.2.2 一维数组的初始化

数组的初始化指在定义数组时给数组元素赋初值。初始化的一般形式为:

类型说明符 数组名[常量表达式]={值1, 值2, …, 值n};

其中,{ }中各值是对应的数组元素初值,各值之间用逗号隔开。例如:

```
int a[4]={1, 2, 3, 4};
```

相当于:

```
int a[4];
a[0]=1;   a[1]=2;   a[2]=3;   a[3]=4;
```

也可以省略为:

```
int a[]={1, 2, 3, 4};
```

6.3　一维数组应用举例

【例 6-1】　对一维数组进行动态赋值。

```
/*程序代码【例 6-1】*/
#include <stdio.h>
main()
{
    int i, s[10];
    for(i=9; i>=0; i--)
        s[i]=2*i;
    printf("%d  %d  %d\n", s[1], s[2], s[3]);
}
```

运行结果如图 6-2 所示。

图 6-2　例 6-1 程序运行结果

【例 6-2】　输入学生人数与学生成绩,然后将全班的平均成绩计算出来。

```
/*程序代码【例 6-2】*/
#include <stdio.h>
main()
{
    int i, num;
```

```
    float score[30],sum=0.0,ave;
    printf("Please input number of students:");
    scanf("%d", &num);
    for(i=0; i<num; i++)
    {
        printf("Input score:");
        scanf("%f", &score[i]);
        sum+=score[i];
    }
    ave=(float)sum/(float)num;
    printf("The average score is:%6.2f\n",ave);
}
```

运行结果如图 6-3 所示。

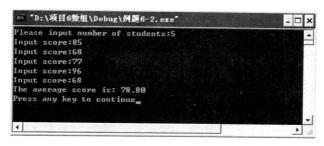

图 6-3　例 6-2 程序运行结果

【**例 6-3**】　使用键盘输入 10 个整数到一维数组 a 中,并逆序输出这 10 个元素。

```
/*程序代码【例 6-3】*/
#include <stdio.h>
main()
{
    int i,a[10];
    for(i=0; i<=9; i++)
        scanf("%d", &a[i]);
    for(i=9; i>=0; i--)
        printf("%d,", a[i]);
}
```

运行结果如图 6-4 所示。

图 6-4　例 6-3 程序运行结果

【**例 6-4**】   在下列有序数列中插入一个数,要求插入该数后,应使得该数列仍然有序。设原有数值为 50,58,68,78,80,83,85,86,88,90,欲插入的数值为 79。程序如下:

```
/*程序代码【例 6-4】*/
#include <stdio.h>
main()
{
    int i, p=0, m=9, x=79;
    int a[11]={50, 58, 68, 78, 80, 83, 85, 86, 88, 90};      //初始化数组
    for(i=0; i<=m; i++)
        printf("%4d", a[i]);
    printf("\n");
    while((x>=a[p])&&(p<=m))                                  //找到插入的位置
        p++;
    for(i=m; i>=p; i--)                                       //将数组依次后移
        a[i+1]=a[i];
    a[p]=x;                                                   //将要插入的值赋给要插入的位置上
    m++;
    for(i=0; i<=m; i++)
        printf("%4d", a[i]);
    printf("\n");
}
```

运行结果如图 6-5 所示。

图 6-5   例 6-4 程序运行结果

【**例 6-5**】   用起泡法对 10 个数排序。

解析:冒泡排序的过程是:①比较第一个数与第二个数,若 a[0]>a[1],则交换;然后比较第二个数与第三个数;以此类推,直至第 $n-1$ 个数和第 n 个数比较为止(第一趟起泡排序,结果最大的数被安置在最后一个元素位置上);②对前 $n-1$ 个数进行第二趟冒泡排序,结果使次大的数被安置在第 $n-1$ 个元素位置;③重复上述过程,共经过 $n-1$ 趟冒泡排序后,排序结束。代码如下:

```
/*程序代码【例 6-5】*/
#include <stdio.h>
void main()
```

```
{
    int a[10],i,j,t;
    printf("Input 10 numbers:\n");
    for(i=0;i<10;i++)
        scanf("%d",&a[i]);
    printf("\n");
    for(j=0;j<9;j++)
        for(i=0;i<9-j;i++)
            if(a[i]>a[i+1])
            {   t=a[i]; a[i]=a[i+1]; a[i+1]=t;   }
    printf("The sorted numbers:\n");
    for(i=0;i<10;i++)
        printf("%d ",a[i]);
}
```

运行结果如图 6-6 所示。

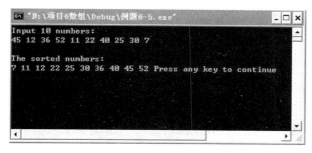

图 6-6　例 6-5 运行结果

6.4　二　维　数　组

6.4.1　二维数组的定义与引用

1. 二维数组的定义格式

类型说明符 数组名[常量表达式][常量表达式];

类型说明符规定了这个数组所有元素的类型。第一个常量表达式定义了这个数组的行数,第二个常量表达式定义了每行的元素个数,即定义列数。

例如,int a[4][5];定义一个具有 4 行 5 列的数组 a。可以将数组 a 看成是由 4 个一维数组组成的,每个一维数组中又含有 5 个元素。这 4 个一维数组的名称是 a[0],a[1],a[2]和 a[3],第一个数组 a[0]的各元素为 a[0][0],a[0][1],a[0][2],a[0][3],a[0][4]。

数组 a 各成员变量如下:

a[0][0], a[0][1], a[0][2], a[0][3], a[0][4]
a[1][0], a[1][1], a[1][2], a[1][3], a[1][4]

a[2][0], a[2][1], a[2][2], a[2][3], a[2][4]
a[3][0], a[3][1], a[3][2], a[3][3], a[3][4]

C语言规定,二维数组中各元素在存放到内存中时也只能按照线性存放,二维数组中的元素在存储时先存放第一行的数据,再存放第二行的数据,每行数据按下标规定的顺序由小到大,按行存放。

2. 二维数组的引用格式为

数组名[下标][下标];

> **注意**:int a[4][5]和a[4][5]是有区别的,前者定义了一个数组有4行5列,对这个数组的引用最多用到a[3][4](因为下标从0开始),而后者表示对元素的引用,能包含后者的最小数组定义为int a[5][6];。

6.4.2 二维数组的初始化

二维数组的初始化与一维数组类似。例如,下面都是正确的初始化数组元素的格式:

```
int a[3][4]={{1,2,3,4},{3,4,5,6},{5,6,7,8}};    //按行初始化数组的各个元素
int b[3][4]={1,2,3,4,3,4,5,6,5,6,7,8};          //按存放顺序初始化数组的各个元素
int c[][3]={{1,3,5},{5,7,9}};                   //初始化全部数组元素,隐含行数为2
int d[3][3]={{1},{0,1},{0,0,1}};                //初始化部分数组元素,其余值为0
```

实际上,当初始化所有的元素时,前两者的初始化方式是等价的。

> **注意**:int c[][3]={1,2,3,4};有三个逗号,所以有4行元素,相当于省略了第一维数组,其中的4个数字是每行的第一个元素,在省略第一维数字时,大小也必须是编译系统能够明确知道或者计算出来的。

6.5   二维数组应用举例

【例6-6】 已知一个2×3的矩阵a,将其转置后输出。

所谓矩阵的转置,就是将矩阵的行列互换,即将a矩阵的a[i][j]元素变成b矩阵的b[j][i]元素。例如:

a 矩阵:		b 矩阵:		
1	5	1	2	3
2	6	5	6	7
3	7			

实现代码如下:

```
/*程序代码【例6-6】*/
#include <stdio.h>
```

```
main()
{
    int a[3][2]={1,2,3,5,6,7}, b[2][3];        //初始化二维数组
    int i, j;
    printf("a:\n");
    for(i=0; i<3; i++)
    {
        for(j=0; j<2; j++)
            printf("%4d", a[i][j]);             //输出二维数组 a 的值
        printf("\n");
    }
        for(i=0; i<2; i++)
            for(j=0; j<3; j++)
                b[i][j]=a[j][i];                //实现矩阵的转置
        printf("b:\n");
        for(i=0; i<2; i++)
        {
        for(j=0; j<3; j++)
            printf("%4d", b[i][j]);             //输出二维数组 b 的值
        printf("\n");
        }
}
```

运行结果如图 6-7 所示。

图 6-7 例 6-6 运行结果

【**例 6-7**】 将一个二维数组中的每行元素按逆序存放在另一个数组中：

$$m=\begin{bmatrix}1 & 2 & 3\\4 & 5 & 6\end{bmatrix} \quad n=\begin{bmatrix}3 & 2 & 1\\6 & 5 & 4\end{bmatrix}$$

```
/* 程序代码【例 6-7】*/
#include <stdio.h>
main()
{
    int m[2][3]={{1,2,3},{4,5,6}};
    int n[2][3],i,j;
    printf("array m:\n ");
```

```
for(i=0; i<2; i++)
{    for(j=0; j<3; j++)
     {    printf("%4d   ", m[i][j]);
          n[i][2-j]=m[i][j];
     }
     printf("\n");
     }
     printf("array n:\n ");
     for(i=0; i<2; i++)
     {    for(j=0; j<3; j++)
          printf("%4d   ", n[i][j]);
          printf("\n");
     }
}
```

运行结果如图 6-8 所示。

图 6-8　例 6-7 运行结果

6.6　回 到 场 景

通过前面的学习,熟悉了一维数组的定义和使用方法,此时回到项目场景。在该工作场景中,通过用户输入值模拟评委打分情况。

(1) 定义一个一维数组存储 8 个评委输入的分数值。

(2) 使用单独变量记录最高分和最低分,以及最高分和最低分所在的位置。

(3) 求除最高分和最低分之外的所有分数之和,最终取其平均值即满足本工作场景的基本要求。

实现代码如下:

```
/ * 程序代码【第 6 章场景】 * /
#include <stdio.h>
main()
{   int a[8], i;
    int min, max, minindex, maxindex, sum=0;
                              //分别记录最大值、最大值坐标,最小值、最小值坐标
    float averg;              //平均值
    printf("please input 8 numbers:\n");
```

```
for(i=0; i<8; i++)
    scanf("%d", &a[i]);
min=max=a[0];
minindex=maxindex=0;
for(i=1; i<8; i++)
{
    if(a[i]>max)
    {   maxindex=i;
        max=a[i];
    }
    if(a[i]<min)
    {   minindex=i;
        min=a[i];
    }
}
for(i=0; i<8; i++)
{
    if(i!=minindex && i!=maxindex)      //排除最大值和最小值,求其他所有数之和
    {
        sum+=a[i];
    }
}
averg=sum/6.0;
printf("%f\n", averg);
}
```

运行结果如图 6-1 所示。

> **注意**：在求取最终的平均成绩 averg 时，应该使用 averg＝sum/6.0；或其他方式，而不能直接写成 averg＝sum/6；因为此种写法会忽略小数部分而仅保留整数部分。

6.7 拓展训练

一、选择题

1. 有以下语句：int str[10]＝{11,12,13,14,15}；数组元素 a[4]的值是(   )。
   A. 11   B. 13   C. 14   D. 15

2. 对数组初始化正确的方法是(   )。
   A. int a(5)＝{1,2,3,4,5}；   B. int a[5]＝{1,2,3,4,5}；
   C. int a[5]＝{1—5}；   D. int a[5]＝{0,1,2,3,4,5}；

3. 设有如下程序段：

```
char x[ ]="12345";
```

```
char y[ ]={ '1', '2', '3', '4', '0'}
```

则正确的说法是(　　)。

    A. x 数组和 y 数组长度相同　　　　　　B. x 数组长度大于 y 数组长度

    C. x 数组长度小于 y 数组长度　　　　　　D. 两个数组中存放相同的内容

4. 以下概念正确的是(　　)。

    A. 数组名的规定与变量名不同

    B. 数组名后面的常量表达式用一对圆括号括起来

    C. 数组下标的数据类型为整型常量或整型表达式

    D. 在 C 语言中,一个数组的数组下标从 1 开始

5. 以下对二维数组 a 的正确说明是(　　)。

    A. int a[3][];　　　　B. float a(3,4);　　　　C. double a[1][4]　　D. float a(3)(4);

6. 以下程序的输出结果是(　　)。

```
#include <stdio.h>
#include <string.h>
main()
{
  char str[12]={'s','t','r','i','n','g'};
  printf("%d\n",strlen(str));
}
```

    A. 6　　　　　　　　　B. 7　　　　　　　　　C. 11　　　　　　　　　D. 12

7. 有以下程序:

```
main()
{
    int i, a[3][3]={1,2,3,4,5,6,7,8,9}
    for(i=0; i<3; i++)
        printf("%d,", a[i][2-i]);
}
```

程序运行后的输出结果是(　　)。

    A. 1 5 9　　　　　　　B. 1 4 7　　　　　　　C. 3 5 7　　　　　　　D. 3 6 9

8. 有两个字符数组 a、b,则以下正确的输入语句是(　　)。

    A. gets(a,b);　　　　　　　　　　　　B. scanf("%s%s",a,b);

    C. scanf("%s%s",&a,&b);　　　　　　D. gets("a"),gets("b");

二、阅读程序与填空。

1. 以下程序运行后的输出结果是 _____ 。

```
main()
{   int j,a[6]={1,2};
    for(j=3;j<6;j++)
        a[j]=a[j/2]+a[j%3]-a[j-2];
```

```
    for(j=0;j<6;j++)
        printf("%d,",a[j]);
    printf("\n");
)
```

2. 以下程序的功能是将字符串 a 中下标值为偶数的元素由小到大排序，其他元素不变，请填写程序。

```
#include <stdio.h>
main()
{   char a[ ]="labchmfye",t;
    int i,j;
    for(i=0;i<7; i+=2)
        for(j=_____;j<9;_____)
            if(_____)
                { t=a[i];a[i]=_____;a[j]=_____;}
    puts(a);
    printf("\n");
}
```

3. 以下程序的功能是求数组 a 中的最大值，请填空。

```
{   int a[5]={23,4,5,2,32},i,max;
    max=a[0];
    for(i=1;i<=4;i++)
    if(max<a[i])_____;
}
```

4. 以下程序的功能是对一个 3×3 的矩阵进行行列互换。

```
main()
{   int i,j,temp;
    int a[3][3]={1,2,3,4,5,6,7,8,9};
    for(i=0;_____; i++)
        for(_____; j<3; j++)
        {   temp=a[i][j];_____;_____;   }
    printf("\n the rusult array is:\n");
    for(i=0;i<3;i++)
    {   printf("\n");
        for(j=0;j<3;j++)
        printf("%5d",_____); }
}
```

5. 将 10 个整数输入数组，求出其平均值并输出。

```
main()
{   int i,a[10],sum=0;
```

```
for(i=0;i<10;i++)
{   scanf("%d",&a[i]);
    sum+=_____;
}
printf("%8.2f\n",_____);
}
```

6. 当从键盘输入 18 并回车后，下面程序的运行结果是_____。

```
main()
{   int x,y,i,a[8],j,u,v;
    scanf("%d",&x);
    y=x;i=0;
    do
    {   u=y/2;
        a[i]=y%2;
        i++;y=u;
    }while(y>=1);
    for(j=i-1;j>=0;j--)
        printf("%d",a[j]);
}
```

三、编程题

1. 从键盘输入 10 个无序的整数，存放在数组中，找出其中最大数所在的位置。

2. 用数组来处理求 Fibonacci 数列问题。Fibonacci 数列由 0 和 1 开始，之后的 Fibonacci 系数就由之前的两数相加。即

```
f(n)=1              n=1,2
f(n)=f(n-1)+f(n-2)    n>2
```

3. 输出以下图形：

```
          *
        * * *
      * * * * *
    * * * * * * *
      * * * * *
        * * *
          *
```

4. 用简单选择法对 10 个数排序（思想：首先通过 n−1 次比较，从 n 个数中找出最小的，将它与第一个数交换——第一趟选择排序，结果最小的数被安置在第一个元素位置上，再通过 n-2 次比较，从剩余的 n−1 个数中找出关键字次小的记录，将它与第二个数交换——第二趟选择排序。重复上述过程，共经过 n−1 趟排序后，排序结束）。

6.8 知 识 链 接

6.8.1 多维数组

多维数组的定义格式：

类型 数组名 [长度1][长度2]…[长度n];

三维以上的数组很少用，因为这些数组要占用大量的存储空间。

程序运行一开始，就要给所有数组分配固定的存储空间。例如，长度为5,6,7,8的四维字符数组，就要求有5×6×7×8个，即1680个字节的存储空间。如果该数组是两个字节的整型数组，那么就需要3360个字节的存储空间；如果数组是双精度型的，就需要17 280个字节的存储空间，随着数组的增加，对存储空间的需要是成指数增加的。下面分析多维数组的存储形式。

例如，定义一个三维数组：

int a[2][3][4];

其中，常量表达式由原来的两个变为三个，把这个三维数组按顺序展开如下：

a[0][0][0],m[0][0][1],m[0][0][2],m[0][0][3]
a[0][1][0],m[0][1][1],m[0][1][2],m[0][1][3]
a[0][2][0],m[0][2][1],m[0][2][2],m[0][2][3]
a[1][0][0],m[1][0][1],m[1][0][2],m[1][0][3]
a[1][1][0],m[1][1][1],m[1][1][2],m[1][1][3]
a[1][2][0],m[1][2][1],m[1][2][2],m[1][2][3]

访问多维数组时，由于其下标较多，使用时较为烦琐，同时，计算机为了访问多维数组中的某一个元素时，需要计算该元素的每个下标，因此，使用多维数组与一维、二维数组相比，较为复杂，且访问速度也会稍慢。

6.8.2 字符数组的定义和初始化

在C语言中，没有专门存放字符串的字符串变量，通常使用字符类型的数组来代替字符串类型，用来存放字符数据的数组称为字符数组。

（1）字符数组的定义格式如下：

char 数组名[常量表达式][…]…

字符数组的定义形式与前面介绍的数值数组的定义方法相同，例如：

char str[10];

定义了一个名为str的字符数组，它包含10个元素。由于字符型与整型通用，即也可以定义为int str[10]，但这时每个数组占两个字节的内存单元，而不是一个字节。

在定义字符数组时可以进行初始化,例如:

```
char a[10]={'H', 'e', 'l', 'l', 'o'};
```

与数值一样,字符数组也可以是二维或多维数组,例如:

```
char c[8][9];
```

(2) 对字符数组初始化可以在定义时进行初始化。有以下两种初始化方法。

① 逐个字符赋给数组中各元素,如:

```
char c[8]={'h', 'e', 'l', 'l', 'o', ' ', 'm', 'e' };
```

花括号中的初值个数应等于数组长度,如果初值个数小于数组长度,则只将这些字符赋给数组中前面那些元素,其余的元素自动定为空字符。

如果提供的初值个数与定义的数组长度相同,在定义时可以省略数组长度,系统会自动根据初值个数确定数组长度。如:

```
char c[ ]={'h', 'e', 'l', 'l', 'o', ' ', 'm', 'e' };
```

数组 c 的长度自动定义为 8。

② 用字符串常量给字符数组初始化,如:

```
char c[ ]={"hello me"};
```

此时,编译程序计算出该数组的大小为 9,而不是 8。因为编译程序在扫描整个字符串时,自动在该串的末尾加上'\0'字符,以表示字符串到此结束,并把它一起存入字符数组中。以上初始化与下面的初始化等价:

```
char c[ ]={'h', 'e', 'l', 'l', 'o', ' ', 'm', 'e', '\0' };
```

而与以下写法不等价:

```
char c[ ]={'h', 'e', 'l', 'l', 'o', ' ', 'm', 'e', };
```

前者数组长度为 9,后者数组长度为 8。

C 语言允许在初始化一维数组时,省略字符串常量外面的大括号。例如:

```
char c[ ]="hello me";
```

这种写法比较直观,符合人们的习惯,但是注意,不能用单个字符作为初值,而是用一个字符串,并且用双引号括起来作为初值。

多维字符数组初始化时,可以参考下列形式直接赋给它多个字符串。例如:

```
char str[3][8]={"hello", "welcome", "china"}
```

6.8.3 字符串

字符串是存储在字符数组中的,在存储一个字符串时,系统在其末尾自动加一个字符串结束标志'\0'。'\0'是 ASCII 码为 0 的字符,称为空字符,表示字符串到此结束。通过这个标志可以很方便地定位字符串的实际长度。如果按%c格式输出'\0',则不显示任何有效字符,如果有一个字符串"hello",在内存中占6个字节。

使用字符串常量对字符数组初始化,其语法格式为:

char <数组名>[<常量表达式1>][<常量表达式2>]…[<常量表达式n>]=
{{<字符串常量1>},{<字符串常量2>}, …, {<字符串常量n>}};

例如:

```
char c1[5]={"Good"}, c22[10]="char";
char c3[2][5]={"temp1", "temp2"};
```

> **注意:**
> (1) 用字符常量初始化字符数组时,字符常量的个数应小于或等于数组的长度;否则编译时会出现语法错误。
> (2) 用字符串常量初始化字符数组时,系统在字符串常量的末尾自动加上一个字符'\0'。因此,字符数组的长度至少比字符串常量中的字符个数大1。

6.8.4　字符串的输入与输出

字符串的输入方式有以下三种。
(1) 用%c的格式,通过scanf()函数,逐个字符输入。如:

```
char a[10];
scanf("%c", &a[0])
```

表示向数组a[0]中输入一个字符。
(2) 用%s的格式,通过scanf()函数,将整个字符串一次输入。如:

```
char a[10];
scanf("%s", a);
```

从键盘输入:

```
Welcome↙
```

系统自动把回车前面的字符作为字符串存入a数组,并自动在后面加一个'\0'结束符。此时输入给数组a的字符个数是8而不是7。
(3) 使用专门的标准字符串输入函数gets(),将整个字符串一次输入。调用方式:

```
gets(字符数组);
```

作用:从终端(键盘)输入一个字符串到字符数组,输入正确时,返回值为字符数组地址,输入错误时,返回Null指针。
输入的字符串以换行符'\n'作为结束标志,如:

```
char str[10];
```

```
gets(str);
```

从键盘输入：

```
Hello World↙
```

将输入的字符串"Hello World"送入字符数组 str 中，并返回字符数组 str 的起始地址。

> **注意**：在使用 gets()函数时，需要调用头文件 stdio.h 做函数说明。并且使用此函数时，只能输入一个字符串，不能输入多个字符串。

字符串的输出方式也有以下三种形式。

(1) 使用%c 的格式，通过 printf()函数，引用字符串中的单个字符，逐个字符输出。例如：

```
char a[]={"World"};
printf("%c", a[i]);
```

(2) 使用%s 的格式，通过 printf()函数，将整个字符串一次输出。例如：

```
static char a[ ]={" World "};
printf("%s", a);
```

(3) 使用专门的标准字符串输出函数 puts()，将整个字符串一次输出。调用方式为：

```
puts(字符数组);
```

作用：将一个字符串输出到终端。输出正常时，返回字符串的最后一个字符；输出错误时，返回 EOF。

第7章 函 数

知识要点：

（1）函数的定义形式与组成。

（2）函数调用以及参数传递方式。

（3）变量的作用域和存储类型。

（4）全局变量和局部变量的概念。

（5）函数的嵌套调用。

（6）函数的递归调用。

（7）数组作为函数参数。

技能目标：

（1）掌握函数的定义方法。

（2）熟练掌握各种参数传递方式的使用和函数调用。

（3）掌握变量和函数的作用域。

（4）了解全局变量和局部变量的作用范围。

（5）会使用嵌套函数调用。

7.1 场景导入

【项目场景】

某健身会所为方便顾客消费结账，特开通会员制度。结账时，若是会员消费，可以直接打 9 折，若是非会员（普通会员），则现金付款不打折，使用银联卡付款买单也可享有 9 折优惠。试编写 C 语言源程序，模拟该会所收银场景。程序运行结果如图 7-1 所示。

图 7-1　场景运行结果

【抛出问题】

（1）什么是函数？函数如何定义？格式是什么？

（2）如何编写函数实现判断该使用现金还是银联卡？判别是会员客户还是普通用户？

（3）函数返回值该如何处理？什么是 return 语句？

（4）如何使用函数调用？如何实现参数传递？

（5）本场景定义的变量作用域有多大？采用何种存储类型？

7.2　函　数　定　义

定义函数的语法格式如下：

函数类型 函数名（[形式参数说明表]）

{

　　函数体

}

其中：

函数类型：表示该函数返回值的类型，可以是 int、float、char 或其他标准的预定义类型，也可以是用户自定义的类型，甚至是无值型 void（即函数不返回任何值），若省略，系统将自动赋予函数的类型为 int 型。

函数名：函数标志符，命名规则与变量相同。

形式参数：代表函数的自变量，若有多个形式参数，它们之间必须用逗号隔开。形式参数说明表外加了一对方括号，表示函数的参数可有可无，是任选的。

函数体：函数体必须起始于左括号，结束于右括号。括号内给出的是实现函数功能的语句列表。

一个 C 语言程序中，必须有而且只能有一个名为 main 的函数，main 函数是整个程序的入口，也就是整个程序执行的起点。

使用一个函数时，通常是先定义函数，函数调用在其函数定义之后。

无参函数的定义形式如下：　　　　　　有参函数的定义形式如下：

函数类型 函数名（）　　　　　　　　函数类型 函数名（形式参数列表）

{　　　　　　　　　　　　　　　　　{

　　声明部分　　　　　　　　　　　　　声明部分

　　执行语句　　　　　　　　　　　　　执行语句

}　　　　　　　　　　　　　　　　　}

例如，定义连续输出 50 个 * 字符的函数：

void p_star50(void)

{

```
    int i;
    for(i=1;i<=50;i++)
        putchar('*');}
```

定义连续输出 n 个 * 字符的函数：

```
void p_star(int n)
{
    int i;
    for(i=1;i<=n;i++)
        putchar('*');
}
```

7.3　函数参数和函数的返回值

7.3.1　形式参数和实际参数

函数的参数分为形式参数和实际参数两种。

1. 形式参数

在定义函数时,在函数名后的圆括号中所列举说明的参数,称为形式参数(简称为形参)。

2. 实际参数

函数调用时,在函数名后的圆括号中依次列出的参数称为实际参数或实在参数(简称为实参),列举的所有实参称为实参表。实参通常出现在主调用函数内。

> **注意:**
> (1) 定义函数中指定的形参,在未出现函数调用时,它们并不占内存中的存储单元。只有在发生函数调用时,函数中的形式参数才被分配内存单元。在调用结束后,形式参数所占的内存单元被释放。
> (2) 实际参数可以是常量、变量或表达式,但它们要有确定的值。
> (3) 实际参数与形式参数应具有相同或者相互兼容的类型。
> (4) 在调用函数时,给形式参数分配存储单元,并将实际参数对应的值传递给形式参数,调用结束后,形式参数单元被释放,实际参数仍保留并维持原值,因此,在执行一个被调用函数时,形参的值如果发生变化,并不改变主调函数的实际参数的值。

7.3.2　函数的返回值

函数的返回值是指函数被调用以后,执行函数后返回给主调函数的值。函数的返回值通过 return 语句实现。

return 语句的一般形式为:

```
return 表达式;
```

或者:

```
return(表达式);
```

功能:计算表达式的值,并返回给主函数。

函数定义中若指定函数返回值的类型为 void,即规定函数无返回值。在函数体的中间也可使用 return 语句结束函数的执行,并返回调用者。这时 return 语句的格式为"return;"。

> 注意:
> (1) 一个函数可以有一个以上的 return 语句,但每次调用只能有一个 return 语句被执行。因此只能返回一个函数值。
> (2) 定义函数时对函数值说明的类型一般应和 return 语句中的表达式类型一致,如果不一致,则以函数类型为准,对数值型数据,可以自动进行转换。
> (3) 为了明确表明不返回值,可以用 void 定义无类型或空类型。

7.4 函数的参数传递方式

7.4.1 普通变量作为函数参数

普通变量作为函数参数即值调用。在这种调用方式中,每一个实参均可为表达式,系统先求出实参表达式的值,并将该值传给对应的形参。值调用方式只能将实参值传给函数处理,而函数处理的结果不能通过实参带回给调用者,即只能进行单向传递,所以在函数内不可能改变原实参的值。

【例 7-1】 值传递示例。

```c
/*程序代码【例 7-1】*/
#include <stdio.h>
Example1(int x)
{
    x=x*x;
    printf("Example1:x=%d\n", x);
}
main()
{
    int x=3;
    Example1(x);
    printf("main:x=%d\n", x);
}
```

运行结果如图 7-2 所示。

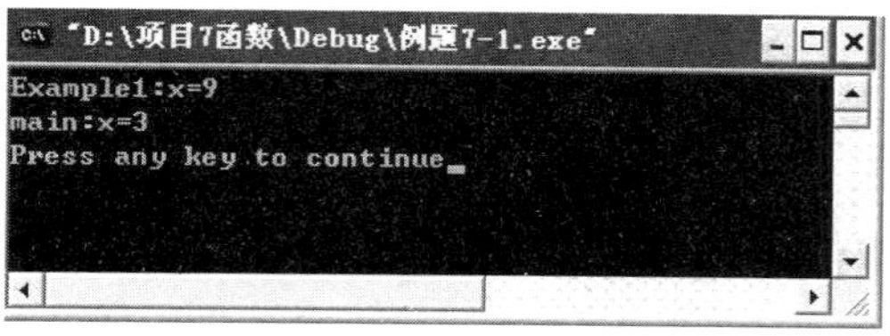

图 7-2　例 7-1 程序运行结果

7.4.2　数组作为函数参数

将数组名作为实参传给形参时,实际参数与形式参数的结合是一个传地址的过程,实际参数传递的是自身的存储地址或确定的某内存地址。调用时,若实际参数将自身的存储地址传给形式参数,那么形式参数直接指向了实际参数,即实际参数与形式参数同时指向一个内存单元,此时函数体中对形式参数所做的一切改变就是对实际参数的改变,从而实现了形式参数与实际参数之间的双向传值。

【例 7-2】　地址传递示例。求出数组中各元素的个位上的数字。

```
/*程序代码【例 7-2】*/
#include <stdio.h>
void multiply(int b[], int m)        //两个参数分别为数组首地址和数组的元素个数
{
    int i;
    for(i=0; i<m; i++)
        b[i]=b[i]%10;                 //求得数组中每一个元素的个位上的数字
}
main()
{
    int i, s[5]={ 11,32,43,45,56};   //数组初始化
    multiply(s, 5);                  //调用函数 multiply
    for(i=0; i<5; i++)
        printf("%d  ", s[i]);        //输出各元素个位上的数字
    printf("\n");
}
```

运行结果如图 7-3 所示。

图 7-3　例 7-2 程序运行结果

7.5 函数的调用

7.5.1 函数调用的一般形式

函数名(实际参数列表);

在实际参数列表中,参数与参数之间是用逗号隔开的,若被调用函数是无参函数,则实际参数列表消失,但一对圆括号不能省略。例如:

```
void func(int a, int b)                /* 函数定义 */
{...}
main()
{
    int x=2, y=1;
    ...
    func(x, y);                        /* 调用函数 */
}
```

7.5.2 函数调用方式

按函数出现在程序中的位置来分,可以有以下三种函数调用方式。

1. 以独立的函数语句调用

这种调用方式中,函数一般无返回值。例如:

```
showchar()
{
    printf("hello world!!");
}
main()
{
    showchar();
}
```

2. 函数的调用出现在表达式中

函数出现在一个表达式中,这种表达式称为函数表达式。这时要求函数带回一个确定值以参加表达式的运算。例如:

```
x=func((a--,b++,a+b),c--)%5;
```

函数 func 仅作为某一表达式的一部分出现在表达式中,其功能相当于一个具体的常量或简单变量。

3. 函数参数

将函数作为一个函数的实际参数进行调用。例如:

```
x=max(a, max(b, c));
```

其中,max(b,c)是一次函数调用,它的值作为 max 另一次调用的实际参数。功能为使 x 的值等于 a、b、c 中的最大值。

函数调用的实际执行过程如下:

(1) 对实际参数列表中的每一个表达式求值。

(2) 将表达式的值依次对应地赋给在被调用函数头部定义的形式参数变量。

(3) 执行被调用函数的函数体。

(4) 如果有 return 语句被执行,则控制返回到主调函数中,如果 return 语句中包含表达式,将 return 语句中表达式的值返回到主调函数。

注意:如果被调用的函数中没有 return 语句,那么在运行到函数体末尾时,程序的控制权自动返回到主调函数。

7.6　函数的嵌套调用

C 语言的函数定义都是相互平行的、独立的,即在定义函数时,一个函数内部不能包含另一个函数。但是,C 语言允许函数的嵌套调用,即一个函数调用了另一个函数,被调用函数在执行过程中又调用了另外一个函数。

如图 7-4 所示,嵌套调用执行过程如下:

① 执行 main 函数的开头部分。

② 遇函数调用 a 的操作语句,流程转去 a 函数。

③ 执行 a 函数的开头部分。

④ 遇调用 b 函数的操作语句,流程转去函数 b。

⑤ 执行 b 函数的操作语句,如果再无其他嵌套
函数,则完成 b 函数的全部操作。

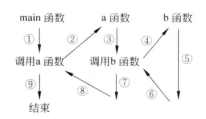

图 7-4　嵌套调用

⑥ 返回调用 b 函数处,即返回 a 函数。

⑦ 继续执行 a 函数中尚未执行的部分,直到 a 函数结束。

⑧ 返回 main 函数中调用 a 函数处。

⑨ 继续执行 main 函数的剩余部分,直到结束。

【例 7-3】　1!＋2!＋3!＋…＋n! 求和用 C 语言编写,要求使用函数嵌套调用。

```
/*程序代码【例 7-3】*/
#include <stdio.h>
long func(int n)
{    if(n==1||n==0)
        return 1;
    else
        return n*func(n-1);
}
```

```
int main()
{    int i,n;
     long sum;
     scanf("%d",&n);
     sum=0;
     for(i=1;i<=n;i++)
         sum+=func(i);
     printf("sum=%ld\n",sum);
     return 0;
}
```

运行结果如图 7-5 所示。

图 7-5   例 7-3 程序运行结果

【例 7-4】   输入两个整数,使用函数嵌套实现求平方和程序。

```
/*程序代码【例 7-4】*/
#include <stdio.h>
int fun1(int x,int y)
{    int fun2(int m);
     return(fun2(x)+fun2(y));
}
int fun2(int m)
{    return(m*m);
}
int fun(int x,int y);
void main(void)
{    int a,b;
     scanf("%d%d",&a,&b);
     printf("The result is:%d\n",fun1(a,b));
}
```

运行结果如图 7-6 所示。

图 7-6   例 7-4 程序运行结果

7.7 变量的作用域

7.7.1 局部变量

在函数体内定义的变量称为局部变量,也称为内部变量。局部变量只能在定义它的函数中使用。例如:

```
main()
{   int i,a=0;
    for(i=1;i<=2;i++)
    {   int a=1;
        a++;
        printf("i=%d,a=%d\n",i,a);
    }
    printf("i=%d,a=%d\n",i,a);
}
```

运行结果是:

```
i=1,a=2
i=2,a=2
i=3,a=0
```

7.7.2 全局变量

全局变量是在函数之外定义的变量。在任何一个函数之外的位置,都可以定义全局变量。在一个程序中,凡是在全局变量之后定义的函数,都可以使用在其之前定义的全局变量。因此,一个全局变量,可以被多个函数使用,但并不一定能被所在程序中的每一个函数使用,全局变量也有一定的作用范围。

例如:

```
main()
{…}
int m=10;
float exp1(float x,float y)
{…}
…

                          全局变量p、q的作用范围
int p=5,q=20;
void exp2()                全局变量p、q的作用范围
{…}
…
```

【例 7-5】　全局变量使用举例。

```c
/*程序代码【例7-5】*/
#include <stdio.h>
int a=3, b=5;
max(int a, int b)
{   int c;
    c=a>b ?a : b;
    return(c);
}
main()
{   int a=8, m;
    m=max(a, b);
    printf("m=%d\n", m);
}
```

运行结果如图 7-7 所示。

图 7-7　例 7-5 程序运行结果

7.8　回到场景

通过对前面几节的学习,了解了函数间的参数传递、函数调用和变量作用域等概念,现在回到第 7 章的场景中,通过使用函数调用来完成相关任务。

(1) 使用专门的函数完成打折功能。

(2) 使用全局变量 sum 假设总的消费金额。

(3) 两个被调用函数均包含两个参数,price 表示总的消费金额,type 表示客户类型。

程序代码如下:

```c
/*程序代码【第7章场景】*/
#include <stdio.h>
int cashproc(int price, int type)              //买单时使用现金
{
    if(type==1)
        return price;
    return price * 0.9;
}
```

```
int cardproc(int price, int type)
{
    if(type==1)
        return price;
    return price * 0.9;
}
int sum=10000;                              //全局变量,设总的消费金额为10000元
main()
{
    int manner, type;
    printf("请输入买单方式,1:现金,2:银联卡\n");
    scanf("%d", &manner);                    //输入买单方式manner
    printf("请输入客户类型,1:普通用户,2:会员用户\n");
    scanf("%d", &type);                      //输入客户类型type
    switch(manner)
    {
        case 1:                              //使用现金
            printf("请出纳现金%d元\n", cashproc(sum, type));
            break;
        case 2:                              //使用银联卡
            printf("银联卡扣除%d元(享受9折优惠)\n", cardproc(sum, type));
            break;
        default:                             //输入错误
            printf("error!!!\n"); break;
    }
}
```

运行结果如图 7-1 所示。

7.9 拓 展 训 练

一、选择题

1. 以下正确的函数首部定义形式是(   )。

    A. double fun（int x，int y）   B. double fun（int x；int y）

    C. double fun（int x，int y）；   D. double fun（int x，y）；

2. 建立函数的目的之一是(   )。

    A. 提高程序的执行效率   B. 提高程序的可读性

    C. 减少程序的篇幅   D. 减少程序文件所占内存

3. C 语言规定,简单变量作实参时,它和对应形参之间的数据传递方式为(   )。

    A. 地址传递

    B. 单向值传递

    C. 由实参传给形参,再由形参传回给实参

D. 由用户指定传递方式

4. C语言允许函数值类型缺省定义,此时该函数值隐含的类型是(   )。

    A. float

    B. int

    C. double

    D. 函数的 return 语句中可以没有表达式

5. 已有以下数组定义和 f 函数调用语句,则在 f 函数的说明中,对形参数组 array 的错误定义方式为(   )。

```
int a[3][4];      f(a);
```

    A. f(int array[][6])   B. f(int array[3][])

    C. f(int array[][4])   D. f(int array[2][5])

6. 有以下程序:

```
#include <stdio.h>
#include <string.h>
main()
{
    char str[10]="hello";
    printf("%d,%d\n", strlen(str), sizeof(str));
}
```

程序运行后的输出结果是(   )。

    A. 6,4   B. 5,10   C. 8,8   D. 10,5

7. 下面的函数调用语句中 func 函数的实参个数是(   )。

```
func(f2(v1, v2),(v3, v4, v5),(v6, max(v7, v8)));
```

    A. 3   B. 4   C. 5   D. 8

8. 有以下程序:

```
#include <stdio.h>
int fun(int a, int b)
{   if(b==0)return a;
    else return(fun(--a,--b));
}
main()
{   printf("%d\n", fun(4,2)); }
```

程序运行的结果是(   )。

    A. 1   B. 2   C. 3   D. 4

二、阅读程序与填空

1. 以下程序的运行结果是_____。

```
#include <stdio.h>
int a=5;int   b=7;
int plus(int ,int);
void main()
{    int a=4,b=5,c;
     c=plus(a,b);
     printf("A+B=%d\n",c);
}
int plus(int x,int y)
{    int z;
     z=x+y;
     return(z);
}
```

2. 以下程序的输出结果是_____。

```
#include <stdio.h>
void fun(int x)
{
    if(x/2>0)fun(x/2);
    printf("%d ", x);
}
main()
{
    fun(3); printf("\n");
}
```

3. 以下程序的输出结果是_____。

```
#include <stdio.h>
int fun(int x)
{
  static int t=0;
  return(t+=x);
}
main()
{
    int s, i;
    for(i=1; i<=5; i++)s=fun(i);
        printf("%d\n", s);
}
```

4. 程序运行后的输出结果是_____。

```
#include <stdio.h>
    int a=5;
    void fun(int b)
```

```
{
    int a=10;
    a+=b; printf("%d", a);
}
main()
{
    int c=20;
    fun(c); a+=c; printf("%d\n", a);
}
```

5. 下列程序执行后输出的结果是_____。

```
int f(int x)
{   int p;
    if(x==5)
        return(3);
    p=x * f(x+1);
    return p;
}
main()
{   printf("%d",f(2));
}
```

6. 函数 gongyue 的作用是求整数 num1 和 num2 的最大公约数,并返回该值。请填空。

```
gongyue(int num1,int num2)
{   int temp,a,b;
    if(num1 _____ num2)
    {   temp=num1;num1=num2;num2=temp;   }
    a=num1;b=num2;
    while _____
    {   temp=a%b;a=b;b=temp;   }
    return(a);
}
```

三、编程题

1. 求三个数中最大数和最小数的差值。

2. 有一数组内存 10 个学生成绩,编程实现求平均分。

3. 输入任意两个正整数 m,n,求其最大公约数(m>n)。

4. 编写一个函数,判断一个数是不是素数。在主函数中完成输出 20 以内的所有素数,每行输出 5 个。

5. 有 5 个学生坐在一起:问第 5 个学生多少岁,他说比第 4 个学生大两岁;问第 4 个学生岁数,他说比第 3 个学生大两岁;问第 3 个学生,又说比第 2 个学生大两岁;问第 2 个

学生,说比第 1 个学生大两岁;最后问第 1 个学生,他说是 10 岁;试用递归函数编写一个
程序。

7.10　知识链接

7.10.1　数组作为函数参数

数组用作函数参数有两种形式:一种是把数组元素(又称下标变量)作为实参使用;
另一种是把数组名作为函数的形参和实参使用。

1. 数组元素作为实参

数组元素就是下标变量,它与普通变量并无区别。数组元素只能用作函数实参,其用
法与普通变量完全相同,在发生函数调用时,把数组元素的值传送给形参,实现单向值
传送。

【例 7-6】　写一函数,统计字符串中字母的个数。

```c
/*程序代码【例 7-6】*/
#include <stdio.h>
int letter(char c)
{   if  (c>='a'&&c<='z'||c>='A'&&c<='Z')
        return(1);
    else   return(0);
}
main()
{   int i,num=0;
    char str[255];
    printf("Input  a  string:");
    gets(str);
    for(i=0;str[i]!='\0';i++)
        if(letter(str[i]))    num++;
    puts(str);
    printf("num=%d\n",num);
}
```

2. 把数组名作为函数的形参和实参使用

数组名也可以作函数的参数,既可以作形参,也可以作实参。在传递过程中,不是把
数组的值传递给形参,而是把实参数组的起始地址传递给形参数组,这样数组就共占同一
段内存单元。因此改变形参的值,实参数组的值同时发生变化,传递的是整个数组。

【例 7-7】　已知某个学生 10 门课程的成绩,求平均成绩。

```c
/*程序代码【例 7-7】*/
#include <stdio.h>
float average(float a[10])
```

```
{   int i;
    float aver,sum=0;
    for(i=0;i<10;i++)
    {   sum+=a[i];
        aver=sum/10;}
        return(aver);
}
main()
{   float score[10],av;
    int i;
    printf("input 10 scores:\n");
    for(i=0;i<10;i++)
        scanf("%f",&score[i]);
    printf("\n");
    av=average(score);
    printf("average score is %5.2f\n",av);
}
```

7.10.2   函数的递归调用

递归是指在调用一个函数的过程中,又出现了直接或间接地调用函数本身。

【例 7-8】   猴子吃桃子问题。一个猴子每天吃的桃子数是上一天的两倍再多一个,已知它第一天吃的桃子数是 1 个,问第 5 天吃了多少个桃子?

桃子数与天数 n 的关系可用下列数学式来说明:

$$f(n)=\begin{cases}1 & n=1\\2\times f(n-1)+1 & n>1\end{cases}$$

```
/*程序代码【例 7-8】*/
#include <stdio.h>
int f(int n)
{   int k;
    if(n==1)
        k=1;
    else
        k=2*f(n-1)+1;
    return(k);
}
main()
{   int s;
    s=f(5);
    printf("the number of tao zi is %d\n",s);}
```

【例 7-9】   求 n! 的递归算法。

```
/*程序代码【例7-9】*/
double fun(int n);
int main(void)
{
    int n;
    printf("Enter n:");
    scanf("%d",&n);
    printf("%lf\n",fun(n));
    return 0;
}
double fun(int n)
{
    if(n==0||n==1)
        return 1;
    else
        return n * fun(n-1);
}
```

7.10.3　变量的作用域

1. 局部变量

局部变量又被称为内部变量,是指其作用范围只在某个局部范围内,该变量仅在该局部存在、有效。通常,在一个函数内部定义的变量是内部变量,它只在本函数范围内有效,也就是说只有在本函数内才能使用它们,这些变量都是局部变量。主函数 main 中定义的变量也只有在主函数中有效,而不因为其在主函数中定义而在整个文件或程序中有效,同样,主函数也不能使用其他函数中定义的变量。不同函数可以使用相同的变量名,它们代表不同的对象,互不干扰。在一个函数内部,可以在复合语句中定义变量,它们只在本复合语句中有效,这些复合语句也称为分程序或程序块。

【例 7-10】　局部变量使用举例。

```
/*程序代码【例7-10】*/
#include <stdio.h>
main()
{ //括号对1
    int x=1;
    { //括号对2
        int x=2;
        { //括号对3
            int x=3;
            printf("x1=%d\n", x);
        } //括号对3
    printf("x2=%d\n", x);
    } //括号对2
```

```
        printf("x3=%d\n", x);
} //括号对 1
```

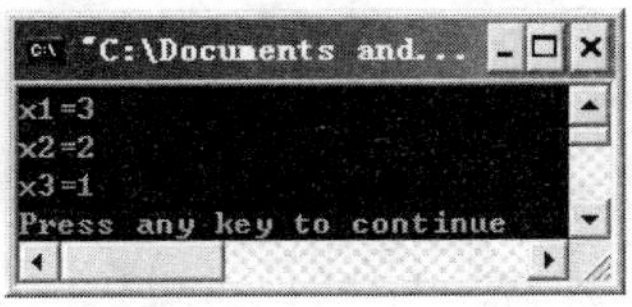

运行结果如图 7-8 所示。

图 7-8   例 7-10 程序运行结果

2. 全局变量

全局变量又叫外部变量,它是在函数之外定义的变量。它的默认有效范围是:从定义变量位置的开始到本源程序文件结束,即全局变量可以被有效范围的多个函数共用。全局变量增加了函数间数据联系的渠道,如果在一个函数中定义了全局变量的值,就能影响其他函数对这些全局变量的引用,因此,全局变量提供了各函数之间直接的数据传递通道。通过函数的调用最多只能返回一个值,而通过使用全局变量可以实现多值返回。

如果外部变量在文件开头定义,则在整个文件范围内都可以使用,否则,按上面规定的作用范围只限于定义点到文件结束。如果在定义点之前的函数想引用该外部变量,则应该在该函数中用关键字 extern 做外部变量声明。

外部变量的定义只有一次,它的位置在所有函数之外,定义时可以进行初始化;而同一文件中的外部变量说明可以有多次,它的位置在函数之内,如果在同一源文件中,外部变量与局部变量同名,则在局部变量的作用范围内,外部变量不再起作用。

【例 7-11】   全局变量使用举例。

```
/*程序代码【例 7-11】*/
#include <stdio.h>
int a=3, b=5;
max(int a, int b)
{
    int c;
    c=a>b ?a : b;
    return(c);
}
main()
{
    int a=8, m;
    m=max(a, b);
    printf("m=%d\n", m);
}
```

运行结果如图 7-9 所示。

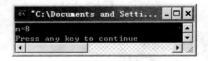

图 7-9   例 7-11 程序的运行结果

> **注意:**
> (1) 在同一个源文件中,如有全局变量与局部变量同名时,则在局部变量的作用范围内,全局变量不起作用。
> (2) 设置全局变量的作用是:增加函数间数据联系的渠道。

7.10.4　变量的存储类型

计算机的内存中供用户使用的存储空间通常可以分为三部分,如图 7.10 所示。

编译后的 C 程序使用 4 个不同的逻辑内存区域,它们分别有不同的功能。

（1）程序区：是用来存放程序代码的内存区。

（2）静态存储区：用来存储程序中的全局变量和局部变量。

（3）栈区：是程序运行过程中存放临时数据的,可用来保存函数调用时的现场和返回地址,也可以用来存放形式参数变量和自动局部变量等。

（4）堆区：是一个自由存储区域,程序通过 C语言的动态存储分配函数来使用它,用于诸如链表等的存储。

图 7-10　存储空间的分配

1. 动态变量

动态变量是指在程序的执行过程中才为其分配存储空间的变量。当进入动态变量的作用域的开始处时,才为这种变量分配内存空间;一旦执行到该变量的作用域的结束处时,系统立即收回为该变量分配的内存空间。该变量的生命期仅在变量的作用域内,为程序分配的动态存储区是用来存放动态变量的,通常,动态变量肯定是局部变量。

2. 静态变量

静态变量是指在程序开始执行时就为其分配存储空间,直到程序执行结束时系统才收回为其分配的存储空间的变量。为这些静态变量分配的内存区称为静态存储区。为程序分配的静态存储区是用来存放静态存储变量的。

7.10.5　函数的作用域

在一个源程序文件中定义的函数,有些只能在该文件内调用它,而有些可以被其他程序文件调用。根据能否被其他源文件调用,可将函数区分为内部函数和外部函数。

1. 内部函数

内部函数是指一个函数只能被本文件中其他函数所调用,而不能被其他文件中的函数所调用的函数。定义内部函数时,在函数定义的类型前加 static。即：

static 类型标识符 函数名(形式参数列表)

例如：

static float func(a, b);

> **注意**：内部函数又称为静态函数，使用内部函数，可以使函数只限于所在文件，如果在不同的文件中有同名的内部函数，则两者互不干扰。这样不同的人编写函数时，不必担心是否与其他文件中的函数同名，通常把只有同一文件使用的函数和外部变量放在一个文件中，冠以 static 使之局部化，令其他文件不能引用。

2. 外部函数

外部函数是指一个函数不仅能被本文件中其他函数所调用，而且能被其他文件中的函数所调用。定义外部函数时，在函数定义的类型之前加 extern(或缺省)。

其一般形式为：

extern 类型标识符 函数名 (形式参数列表)

或者：

类型标识符 函数名 (形式参数列表)

在需要调用外部函数的文件中，一般要用 extern 声明所用的函数是外部函数。例如：

```
/* 文件 1 的内容如下 */
extern float func(float, float);              /* 声明函数 func 是外部函数 */
extern double sun(double);
void main()
{...}
/* 文件 2 的内容如下 */
static double sun(double x)                    /* 函数 sun 是内部函数 */
{...}
/* 文件 3 的内容如下 */
float func(int a, int b)        /* 因为缺省时默认为 extern,所以函数 func 是外部函数 */
{
...
}
```

第 8 章 指　　针

知识要点:

(1) 指针的含义。

(2) 地址的概念及数组、字符串的存储格式。

(3) 指针的定义、赋值与初始化。

(4) 指针变量作为函数参数。

(5) 通过指针引用数组参数。

(6) 数组名作函数参数。

(7) 字符指针变量及字符数组。

(8) 指向多维数组的指针和指针变量。

(9) 指针型函数和指向指针的指针。

技能目标:

(1) 熟练掌握指针的定义、赋值与初始化。

(2) 掌握返回指针的函数及返回值为 void 类型的函数。

(3) 学会使用变量指针、数组指针、字符串指针编写程序。

(4) 分清按值传递和按地址传递的概念。

(5) 了解指向多维数组的指针和指针变量。

(6) 了解指针型函数和指向指针的指针。

8.1　场景导入

【项目场景】

　　某小型外贸公司,员工不到 15 个人,现在财务要给他们发工资,需要制作一张工资表,要求按照姓名汉语拼音的首个字母顺序排序,即以首字母按照 26 个英文字母的顺序输出这些员工的姓名,请你为他完成这个任务。排序后的结果如图 8-1 所示(姓名由自己录入)。

【抛出问题】

　　(1) 姓名均为字符串,应如何定义和存储?

图 8-1 项目场景运行结果

（2）对字符串如何处理，采用指针变量还是指针数组？

（3）采用行指针，二级指针可以处理吗？

（4）定义函数时需要函数返回值吗？如果不需要，那用什么类型说明？

8.2 指针的概念

所谓的指针就是变量的地址。在 C 语言中，地址也是一种数据类型，它可以存放在一种特殊的变量中，这种变量称为"指针变量"。

计算机的内存是以字节为单位的一片连续的存储空间，每一个字节都有一个编号，这个编号就是内存地址。内存的存储空间是连续的，所以内存中的地址号也是连续的。

在程序中，一个变量实质上代表了"内存中的存储单元"。不同类型的变量在内存中所分配的存储单元的长度是不一样的，例如，在 Visual C++ 6.0 中，short int 型数据占两个字节、int 和 float 型数据占 4 个字节、double 型数据占 8 个字节、char 型数据占 1 个字节、指针变量占 4 个字节。

8.2.1 指针变量的定义

指针变量是用来专门存放地址的，必须定义为"指针类型"，定义形式为：

类型标识符   *标识符

定义指向给定"数据类型"的变量或数组元素的指针变量，同时给该变量赋"初值"。类型标识符指出该指针变量的存储类型，存储类型可以是任何有效的 C 语言数据类型，比如 int、float、char 等，标识符即指针变量的名字。

例如：

```
int i,j;
```

```
int * p, * q;
```

定义了两个整型变量 i,j 和两个指针变量 p,q,它们是指向整型变量的
指针变量,通过赋值语句使它们分别指向 i 和 j,如图 8-2 所示。

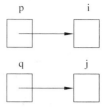

```
p=&i;
q=&j;
```

指针变量的运算符主要有"取地址运算符(&)"和"指针运算符
(*)"。它们都是单目运算符,优先级高于所有的双目运算符,结合
性都是自右向左。

图 8-2 指针指向图

1. 取地址运算符 &

功能是取变量的地址。"& 操作数"的作用是求运算符 & 右边操作数(通常为变量)
的地址。例如,&a 为变量 a 的地址。

2. 指针运算符 *

通过"* 操作数"的方式,以操作数的值作为地址,返回这个地址的变量的内容。例
如,*a 代表指针变量 a 所指向的变量 a,并取 a 的值。

8.2.2 指针变量赋值与初始化

一个指针变量可以通过不同的方式获取一个确定的地址,从而指向一个具体的对象。

1. 通过 & 符号获取值

例如:

```
int k=3, * q;
```

则赋值语句:

```
q=&k;
```

图 8-3 指针变量 q 与 k 的关系

把变量 k 的地址赋给了 q,如图 8-3 所示形象地表示
了变量 q 和 k 的关系。

2. 通过指针变量获取地址值

通过赋值运算,可以把一个指针变量的地址值赋给另一个指针变量,从而使这两个指
针变量指向同一个地址。

例如,q=&a;,则语句 p=q;使指针变量 p 中也存放了变量 a 的地址。

> **注意:**
> (1) 使用赋值号时,赋值号两边的数据类型必须相同。如 float * p; int * q=&a;
> p=q,由于类型不同,使用中会出现错误。
> (2) 用指针表达式给指针变量赋值时,指针表达式与指针变量的类型必须一致,如
> 果不一致,则需要通过强制转换,成为一致。例如,int i=10, j, * p; float x, * q;则 p
> =i; q=&j;是错误的。

3. 给指针变量赋空值

除了给指针变量赋地址值外,还可以给指针变量赋 NULL 值。例如:

```
p=NULL;
```

NULL 是 stdio. h 头文件中定义的预定义标识符,因此在使用 NULL 时,要出现该头文件。NULL 的值实际上就是 0,当执行了该语句后,称 p 为空指针。

4. 定义时初始化

给指针的赋值可以在定义指针变量时进行,即指针变量的初始化,例如:

```
int *m=&p;
```

表示用"int"型变量 p 的指针初始化"int *"型指针变量 m。

8.2.3　指针变量应用

【例 8-1】　使用指针变量输出数据程序。

```
/*程序代码【例 8-1】*/
#include<stdio.h>
void main()
{   int a,b;
    int *p1,*p2;                        /* 定义指针变量 */
    a=100; b=10;
    p1=&a;                              /* p1 指向 a */
    p2=&b;                              /* p2 指向 b */
    printf("%d   %d\n",a,b);
    printf("%d   %d\n",*p1,*p2);
}
```

运行结果如图 8-4 所示。

图 8-4　例 8-1 程序运行结果

【例 8-2】　指针变量的应用。

解析:本程序定义了整型变量 a 和 k,且 a 赋初值 3,又定义了指针变量 p,其类型为 int *,指向 a;定义了字符 c 和指针变量 q,其类型为 char *,指向 c;语句 k=3**p+1 是将 3 与 *p 里的内容做乘法运算,结果加 1 后再赋值给变量 k。语句 *q=c+1;实质上就是语句 c=c+1。

```
/*程序代码【例 8-2】*/
```

```c
#include <stdio.h>
main()
{
    int a=3, k, * p=&a;                //将 a 的地址赋给变量 p
    char c='b', * q;
    k=3**p+1;                          //3 和 * p 里的内容做乘法运算
    q=&c;                              //将 c 的地址赋给变量 q
    * q=c+1;                           //等价于语句 c=c+1;
    printf("a=%d\nk=%d\nc=%c\n", * p, k, * q);
}
```

运行结果如图 8-5 所示。

图 8-5　例 8-2 程序运行结果

注意:

(1) * p 若出现在变量说明语句中,表示定义指针变量 p;若出现在表达式中,则表示取 p 所指对象的值。

(2) int * p=&a;语句表示先定义一个指针变量 p,然后执行 p=&a;。

【例 8-3】　输入 a 和 b 两个整数,然后按先大后小的顺序输出。

解析:定义了三个指针 p1、p2、p,p1、p2 分别指向 a、b,通过交换指针 p1、p2 的指向来交换大小数据的输出。输出前见图 8-6(a),输出后见图 8-6(b)。

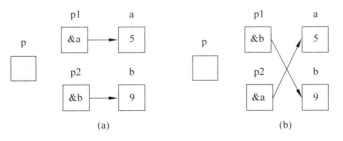

图 8-6　交换大小数据

```c
/ * 程序代码【例 8-3】 * /
#include<stdio.h>
void main()
{   int * p1, * p2, * p,a,b;
    printf("Input: ");
    scanf("%d,%d",&a,&b);
```

```
    p1=&a;
    p2=&b;
    if(a<b){p=p1;p1=p2;p2=p;}
        printf("Output: ");
    printf("%d,%d\n",*p1,*p2);
}
```

运行结果如图 8-7 所示。

图 8-7　例 8-3 程序运行结果

8.2.4　指针变量作为函数参数

函数的参数不仅可以是整型、实型、字符型等数据,还可以是指针类型,它的作用是将一个变量的地址传送给另一个函数中。

【**例 8-4**】　输入 a、b、c 三个整数,按大小顺序输出。

解析:函数调用 exchange(p1,p2,p3);就等价于 exchange(&a,&b,&c);,swap 函数里的语句 temp=*k1,*k1=*k2,*k2=temp;用来实现两数交换。exchange() 函数调用 swap 函数两两比较数据,保证大小顺序输出。由于采用指针,所以按地址传值,指针指向内存的存储空间,从而直接改变了数据。

```
/*程序代码【例 8-4】*/
#include<stdio.h>
void main()
{   void exchange(int *q1,int *q2,int *q3);
    int a,b,c,*p1,*p2,*p3;
    scanf("%d %d %d",&a,&b,&c);
    p1=&a;
    p2=&b;
    p3=&c;
    exchange(p1,p2,p3);
    printf("%d,%d,%d\n",a,b,c);
}
void  exchange(int *q1,int *q2,int *q3)
{   void  swap(int *k1,int *k2);
    if(*q1<*q2)swap(q1,q2);
    if(*q1<*q3)swap(q1,q3);
    if(*q2<*q3)swap(q2,q3);
```

```
}
void  swap(int * k1,int * k2)
{   int temp;
    temp= * k1;
    * k1= * k2;
    * k2=temp;
}
```

运行结果如图8-8所示。

图 8-8 例 8-4 程序运行结果

8.3 指针与数组

指针和数组有着密切的关系。数组是由同一类型变量组成的有序集合,其本身存储的是各种类型的数据,而指针则是专门用来存放其他变量地址的变量。当一个指针变量存有某一个变量的地址时,则这个指针就指向该变量。

8.3.1 指向数组元素的指针变量

定义一个指向数组元素的指针变量的方法,与指向变量的指针变量相同。例如:

```
int a[10];
int * p;
```

应当注意,如果数组为 int 型,则指针变量的基类型也应为 int 型。

对该指针变量赋值:

```
p=&a[0];
```

把 a[0]元素的地址赋给指针变量 p。也就是使 p 指向 a 数组的第 0 号元素,如图 8-9 所示。

定义时也可以写成:

```
int * p=a;
```

作用是将 a 的首地址(a[0]的地址)赋给指针变量

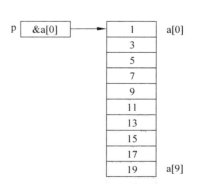

图 8-9 程序运行结果

p(而不是 * p)。

8.3.2　通过指针引用数组元素

引用一个数组元素有以下两种方法。

(1) 下标法,如 a[i]形式。

(2) 指针法,如 * (a+i)或 * (p+i)。其中 a 是数组名,p 是指向数组元素的指针变量,其初值 p=a。

例如:定义 int a[10]; int * p;

```
p=&a[1];              /* p指向数组元素 a[1] */
* p=1;                /*表示对 p 当前指向的数组元素 a[1]赋予值 1 */
```

而 p+1 指向同一数组的下一个元素 a[2]。这里 p 的值(地址)加了两个字节,p+1=p+1×d(整型,d=2;实型,d=4;字符型 d=1),指针变量所指数组元素的地址的计算,与数组数据类型有关。

> **注意:**
> (1) p+i 和 a+i 就是 a[i]的地址 a+i×d。
> (2) * (p+i)或 * (a+i)是 p+i 或 a+i 指向的数组元素 a[i]。
> (3) 指向数组的指针变量可带下标,p[i]与 * (p+i)等价。

假设已经定义:

```
int a[10], * p;
p=a;
```

如表 8-1 所示为指针与一维数组的联系。

表 8-1　指针与一维数组的联系

表 达 式	含　义
&a[i], a+i, p+i	引用数组元素 a[i]的地址
a[i], * (a+i), * (p+i), p[i]	引用数组元素 a[i]的值
p++, p−−	使 p 后移或前移一个存储单元
* p++, * (p++)	先得到 p 指向的变量的值(即 * p),再使 p 后移一个存储单元
* (++p)	先使 p 后移一个存储单元,再得到 p 指向的变量的值(即 * p)
(* p)++	所指对象的值加 1,即 * p= * p+1

【例 8-5】　使用指向数组的指针变量输出数组中全部元素。

```
/*程序代码【例 8-5】*/
#include<stdio.h>
void main()
```

```
{   int a[5],i, * p;
    for(i=0;i<5;i++)
    {  scanf("%d",&a[i]);  }
    printf("\n");
    for(p=a;p< (a+5);p++)
        printf("%d", * p);
}
```

运行结果如图 8-10 所示。

图 8-10 例 8-5 程序运行结果

注意:

(1) p++;合法,因为 p 是指针变量,++只能用于变量。

(2) a++;不合法,因为 a 是数组名,其值是数组元素的首地址,是常量,程序运行期间值固定不变。

最后两句语句可以改为:

```
for(p=a,i=0; i<5; i++);
printf("%d", * (p+i));
```

【**例 8-6**】 输入 10 个整数,求这 10 个数的平均值(运算结果保留整数部分)。

解析:方法一(使用下标法):通过输入 10 个数据,采用下标形式存储于定义的数组 a 中,再用一次循环求出这 10 个数据的和 sum,输出结果再对 sum 除以 10,即为平均值。

```
/ * 程序代码【例 8- 6】* /
#include <stdio.h>
main()
{   int i, j, a[10], sum=0;
    for(i=0; i<10; i++)
    {  scanf("%d", a+i);  }
    for(i=0; i<10; i++)
    {  sum+=a[i];  }
    putchar('\n');
    printf("%d", sum/10);
}
```

运行结果如图 8-11 所示。

解析:方法二(使用指针变量法):最关键的这条 p=a;语句必不可少,如果缺少,则会出错。因为在输入数据的时候指针 p 已经指到了数组的末尾了,必须重新让指针 p 再

图 8-11   例 8-6 程序的运行结果(1)

次指向数组 a 的起始位置。

```
/*程序代码【例8-6】*/
#include <stdio.h>
main()
{    int i, a[10], sum=0, *p=a;
     for(i=0; i<10; i++)
     {   scanf("%d", p++);   }
     p=a;
     for(i=0; i<10; i++)
     {   sum+= *(p+i);   }
     putchar('\n');
     printf("%d", sum/10);
}
```

图 8-12   例题 8-6 程序的运行结果(2)

注意:

(1) 注意看例 8-6 中的两幅结果图,明显输入的数据超过 10 个,那么是否程序的执行会得到错误的结果呢? 此处是需要注意的地方,多输入的数据仍然保留在存储区域,数组只取得前 10 个数据,所以输入是正确的。

(2) 通常认为指针变量对数组进行操作比用下标法速度上快一点。但是由于现在计算机的运行速率飞快,所以运行效率已经不是重点要考虑的问题了。只要能掌握方法,正确合理地编写出程序就行了。

8.3.3   数组名作函数参数

数组名作函数参数,是地址传递。

当用数组名作函数实参时相当于将数组的首地址传给被调函数的形参,此时,形参数组和实参数组占用的是同一段内存,所以当在被调函数中对形参数组元素进行修改时,实参数组中的数据也将被修改,因为它们是同一个地址。

数组名作函数参数的一般格式为:

```
void main( )
{    f(int arr[ ], int n);
     int   array[10];
           ...
     f(array, 10);
           ...
}
void f(int arr[ ], int n)
{
...
}
```

【例 8-7】　将数组 a 中 n 个整数按相反顺序存放。

```
/*程序代码【例 8-7】*/
#include <stdio.h>
void main()
{    void inv(int   x[ ], int n);
     int i,a[10]={3,7,9,11,0,6,7,5,4,2};
     printf("The original array:\n");
     for(i=0;i<10;i++)   printf("%d,"a[i]);
     printf("\n");
     inv(a,10);
     printf("The array has been inverted:\n");
     for(i=0;i<10;i++)   printf("%d,",a[i]);
     printf("\n");
}
void inv(int   x[ ], int n)
{    int temp,i,j,m=(n-1)/2;
     for(i=0;i<=m;i++)
     {    j=n-1-i;
          temp=x[i];   x[i]=x[j];   x[j]=temp; }
     return;
}
```

运行结果如图 8-13 所示。

此程序使用的实参与形参均用数组,实际上,也可以实参用数组,形参用指针变量,或者实参与形参均用指针变量,再者实参用指针变量,形参用数组都可,读者可以自行进行编写。

【例 8-8】　编写函数 mul(int * p, int * q),功能是求解两个数的乘积。

图 8-13 例 8-7 程序运行结果

解析：主函数输入两个 int 型的数据，通过 mul 函数传地址的方式取得变量 x 和 y 里输入的数据。mul 函数的指针 p、q 分别指向 x 和 y。求取数值后，用返回语句 return 返回所得结果。该程序的传地址并没有改变内存里存储的数据，类似于函数的值传递。

```
/*程序代码【例 8-8】*/
#include <stdio.h>
int mul(int * p, int * q)
{
    return * p**q;
}
main()
{
int x, y, z;
printf("enter x,y\n");
scanf("%d%d", &x, &y);
z=mul(&x, &y);
printf("%d * %d=%d\n", x, y, z);
}
```

运行结果如图 8-14 所示。

图 8-14 例 8-8 程序运行结果

8.4 指针与字符串

8.4.1 字符串的表示形式

在 C 语言中，可以用两种方法实现一个字符串。

1. 用字符数组实现

例如:

```
main()
{   char string[ ]="I  Love  China!";
    printf("%s\n",string);
}
```

2. 用字符指针实现

通过定义一个字符指针,指向字符串中的字符。

例如:

```
main()
{   char * string="I  Love  China!";
    printf("%s\n",string);
}
```

C 语言对字符串常量是按字符数组处理的,它实际上在内存中开辟了一个字符数组,用来存放字符串变量。在程序中定义了一个字符指针变量 string,并把字符串首地址赋给它。

【例 8-9】 将字符串 a 复制到字符串 b(用指针变量来处理)。

```
/ * 程序代码【例 8-9】* /
#include <stdio.h>
main()
{
    char a[]="I am a boy!",b[20], * p1, * p2;
    int i;
    for(p1=a,p2=b; * p1!='\0'; p1++,p2++)
        * p2= * p1;     / * 只复制有效字符 * /
    * p2='\0';          / * 赋字符串结束标识 * /
    printf("String a is:%s\n",a);
    printf("String b is:%s\n",b);
}
```

运行结果如图 8-15 所示。

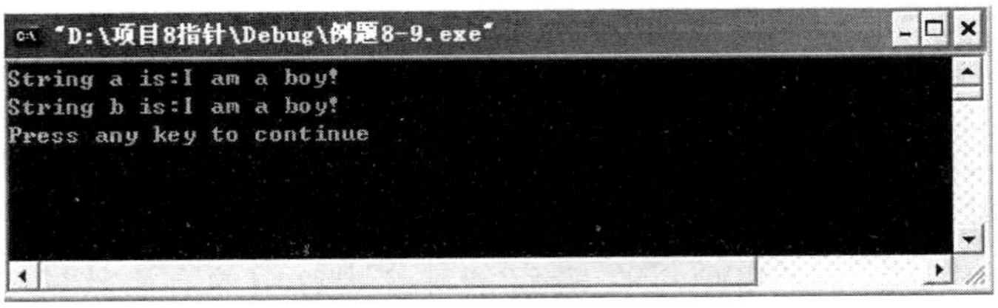

图 8-15　例 8-9 程序运行结果

在内存中,字符串的最后被自动加了一个'\0'(结束符),因此在输出时能确定字符串的终止位置。在程序中,指针变量 p1,p2 指向字符型数据。先使 p1 和 p2 的值分别为数组 a 和 b 的首地址,然后移动 p1 和 p2 指向其下面的一个元素,直到 * p1 的值为'\0'为止。此程序也可以通过使用下标法存取字符串中的字符,请读者自行修改程序。

8.4.2　字符指针变量与字符数组

在 C 语言中,可以用字符数组和字符指针实现字符串的存储和运算,但是二者是有区别的,不应混为一谈,主要有以下几点。

(1) 字符数组由若干个元素组成,每个元素中存放一个字符,而字符指针变量中存放的是地址(字符串的首地址),决不是将字符串放到字符指针变量中。

(2) 字符数组只能对各个元素赋值,不能用以下方法对字符数组赋值。

```
char str[14];
str="I Love China!";          /* str 是数组名,是常量,不能再被赋值 */
```

而对字符指针变量,可以采用下面的方法赋值:

```
char * a;
a="I Love China!";
```

(3) 对字符指针变量赋初值时:

```
char  * a="I Love China!";
```

等价于:

```
char  * a;
a="I Love China!";
```

(4) 在定义一个数组时,在编译时即已分配内存单元,有固定地址。而定义一个字符指针变量时,给指针变量分配内存单元,在其中可以存放一个地址值,即该指针变量可以指向一个字符型数据,但如果未对它赋以一个地址值,则它并未具体指向哪一个字符数据。如:

```
char str[10];
scanf("%s",str);
```

是可以的,而有些人用下面的形式:

```
char * a;
scanf("%s",a);
```

编译时虽然给指针变量 a 分配一个存储单元 a,a 的地址已经被指定,但 a 中的值并未确定,在 a 单元中是一个不可预料的值,可能破坏内存中的有用数据,因此会导致严重的后果,所以要先使 a 有确定的值,然后才能把一个字符串输入给以 a 中值为首地址的连续内存区中。

（5）指针变量的值是可以改变的。

【例8-10】 字符指针变量。

```
/*程序代码【例8-10】*/
#include <stdio.h>
main()
{   char *a="I Love China!";
    a=a+7;
    printf("%s",a);
}
```

运行结果输出"China!"。

8.5　回到场景

解析：要求按字典顺序输出字符串，对于字符串的存储，显然用二维数组或者用指针数组。此处还需要一个函数用于排序，显然该函数的形参必然要有一个功能，就是将主调函数里的字符串读入过来进行处理，那么该形参可以是指针数组、行指针或者二维数组。

在程序中，通过定义 sort() 函数来排序，指针数组 char *alpha[] 为该函数定义的形参。main() 函数里定义了 name[15][100] 来存储姓名，指针数组 *p[15] 用来指向 name[15][100] 里各行的数据。循环 for(i=0；i<100&&strcmp(name[i-1],"admin")；i++)用来录入姓名，当输入 admin 时结束字符串的录入，或者 i=15 时也结束录入，因为员工人数不超过 15。定义 sort() 函数为无返回值函数，所以返回值类型定义为 void。show()函数的作用是用来输出排序后的字符串。

实现代码如下：

```
/*程序代码【第8章场景】*/
#include <stdio.h>
#include <string.h>
void sort(char *alpha[], int n)
{   int i, j, k;
    char *t;
    for(i=0; i<n-1; i++)
    {
        k=i;
        for(j=i+1; j<n; j++)
            if(strcmp(alpha[k],alpha[j])>0)
                k=j;
        if(k !=i)
        {   t=alpha[i];
            alpha[i]=alpha[k];
            alpha[k]=t;
        }
```

```
        }
    }
void show(char **na, int n)
{   int i;
    for(i=0; i<n; i++)
    {
        printf("%-20s", na[i]);
        putchar('\n'); }
    }
main()
{   char name[15][100], * a="hello", * p[15];       //假设最多不超过 15 个员工
    int i=0;
    for(i=0; i<100; i++)
        p[i]=name[i];                               //用指针组来指向这 20 个姓名
    printf("请你输入学生的名字(以汉字输入)!\n");
    for(i=0; i<100&&strcmp(name[i-1],"admin"); i++)
                                                    //如果输入 admin,表示输入结束
        gets(p[i]);
    sort(p, i-1);                                   //i-1 为员工人数,不是 i
    printf("the new sequence is :\n");
    show(p, i-1);
}
```

运行结果如图 8-1 所示。

8.6 拓 展 训 练

一、选择题

1. 在 C 语言中,变量的指针是指该变量的( )。

    A. 值　　　　　　　B. 名　　　　　　　C. 地址　　　　　　D. 一个标志

2. 已知:int * p,a;,则语句"p=&a;"中的运算符"&"的含义是( )。

    A. 位与运算　　　　B. 逻辑与运算　　　C. 取指针内容　　　D. 取变量地址

3. 已有定义 int k = 2;int * prt1 , * prt2;且 prt1 和 prt2 均已指向变量 k,下面不能正确执行的赋值语句是( )。

    A. k = * prt1 ＋ * prt2 ;　　　　　　B. prt2 = k ;

    C. prt1 = prt2 ;　　　　　　　　　　D. k = * prt1 * (* prt2)

4. 若有语句 int * point,a = 4;和 point = &a;,下面均代表地址的一组选项是( )。

    A. a,point, * &a　　　　　　　　　　B. & * a,&a, * point

    C. * &point, * point,&a　　　　　　D. &a,& * point

5. 若有说明 int * p,m=5,n;,以下正确的程序段是( )。

A. p＝&n;
　　scanf("%d",&p);

B. p＝&n;
　　scanf("%d",* p);

C. scanf("%d",&n);
　　* p＝n;

D. p＝&n;
　　* p＝m;

6. 执行以下程序后,y 的值是(　　)。

```
main()
{   int a[]={2,4,6,8,10};
    int y=1,x,* p;
    p=&a[1];
    for(x=0;x<3;x++)
        y= * (p+x);
    printf("%d\n",y);
}
```

A. 7　　　　　　B. 8　　　　　　C. 9　　　　　　D. 2

7. 若有说明语句

```
char a[]="It is mine";
char * p="It is mine";
```

则以下不正确的叙述是(　　)。

A. a＋1 表示的是字符 t 的地址

B. p 指向另外的字符串时,字符串的长度不受限制

C. p 变量中存放的地址值可以改变

D. a 中只能存放 10 个字符

8. 设 p1 和 p2 是指向同一个字符串的指针变量,c 为字符变量,则以下不能正确执行的赋值语句是(　　)。

A. c＝* p1＋* p2;

B. p2＝c

C. p1＝p2

D. c＝* p1 * (* p2);

二、阅读程序与填空

1. 下面程序的运行结果是_____。

```
#include <stdio.h>
#include <string.h>
main()
{
    char * s1="AbDeG";
    char * s2="AbdEg";
    s1+=2;s2+=2;
    printf("%d\n",strcmp(s1,s2));
}
```

2. 下面程序段的运行结果是_____。

```
char s[80], * sp="HELLO!";
sp=strcpy(s,sp);
s[0]='h';
puts(sp);
```

3. 若有定义:int a[]={2,4,6,8,10,12}, * p=a;,则 * (p+1)的值是_____。
* (a+5)的值是_____。

4. 若有以下定义:int a[2][3]={2,4,6,8,10,12};,则 a[1][0]的值是_____。
* (* (a+1)+0))的值是_____。

5. 下面程序的功能是将两个字符串 s1 和 s2 连接起来。请填空。

```
#include<stdio.h>
main()
{   char s1[80],s2[80];
    gets(s1); gets(s2);
    conj(s1,s2);
    puts(s1);
}
conj(char * p1,char * p2)
{   char * p=p1;
    while( * p1)_____;
    while( * p2){ * p1=_____;p1++;p2++;}
    * p1='\0';
}
```

6. 有以下程序,程序运行后的输出结果是_____。

```
#include <stdio.h>
void fun(int n, int * p)
{   int f1, f2;
    if(n==1 || n==2) * p=1;
    else
    {
        fun(n-1, &f1);  fun(n-2, &f2);
        * p=f1+f2;
    }
}
main()
{   int s;
    fun(3, &s);     printf("%d\n", s);}
```

7. 下面程序段的运行结果是_____。

```
#include <stdio.h>
main()
{
```

```
    char * a[]={ "abcd","ef","gh","ijk"};  int i;
    for(i=0; i<4; i++)printf("%c", * a[i]);
}
```

三、编程题

1. 编写程序,使用字符指针实现 strcpy 函数(字符串复制)的功能。

2. 利用指针求二维数组元素的最大值,并确定最大值元素所在的行和列。

3. 有红、黄、蓝、白、黑 5 种颜色的球若干个,每次取出三个球,打印出三种不同颜色球的可能取法。

4. 用指针数组实现杨辉三角的输出。

8.7 知 识 链 接

8.7.1 二维数组的指针

1. 二维数组和数组元素的地址

设函数内有如下定义:

```
int * p,a[3][4];
```

在 C 语言中定义的二维数组实际上是一个一维数组,这个一维数组的每一个元素又是一个一维数组。如以上定义的 a 数组,可以视 a 是由 a[0]、a[1]、a[2]三个元素组成,而 a[0]、a[1]、a[2]中的每一个元素又是由 4 个整型元素组成的一维数组。可用 a[0][0]、a[0][1]等来引用 a[0]中的每一个元素,其他以此类推。在前面已经解释过一维数组名表示的是一个常量,同样二维数组名也是一个常量。因此,下面的用法是错误的:

```
a++;                    //错误
a[0]++;                 //错误
a=a+i                   //错误
```

二维数组元素的地址可以由表达式 &a[i][j]求得,也可以由每行的首地址求得。例如,在上面的二维数组定义中,元素各行的首地址分别是 a[0]、a[1]、a[2]。

地址 &a[0][0]可以用 a[0]+0 来表示,地址 &a[0][1]可以用 a[0]+1 来表示。对于 a[i][j]的地址,可以用下面的表达式求得:

```
& a[i][j]
a[i]+j
* (a+i)+j
&a[0][0]+4 * i+j        (在 i 行前还有 4 * i 个元素存在)
a[0]+4 * i+j
```

在以上表达式中,a[i]、&a[0][0]和 a[0]的基本类型都是 int 型,它们加上一个常整数,则会移动 2 倍的这个常整数字节。注意 a[i][j]的地址不是 a+4 * i+j。

对于数组元素 a[i][j]的值,可以用下面的表达式求得:

```
a[i][j]
* (a[i]+j)
* (* (a+i)+j)
* (&a[0][0]+4*i+j)        (在 i 行前还有 4*i 个元素存在)
* (* (a+i))[j]
```

【例 8-11】 通过二维数组元素指针间接访问二维数组元素。

```
/*程序代码【例 8-11】*/
#include <stdio.h>
main()
{   int a[3][4]={1,2,3,4,5,6,7,8,9,10,11,12};
    int *p, i, j;
    p=&a[0][0];
    printf("output 1:\n");
    while(p <= &a[2][3])
    {
        printf("%3d", *p++);
        if((p-&a[0][0])%4==0)printf("\n");
    }
    p=&a[0][0];
    printf("output 2:\n");
    for(i=0; i<3; i++)
    {
        for(j=0; j<4; j++)
            printf("%3d", *(p+i*4+j));
        printf("\n");
    }
}
```

运行结果如图 8-16 所示。

图 8-16　例 8-11 程序运行结果

上面的 while 循环是最简单的使用情况,用指针 p 直接指向数组 a,通过比较地址的范围来决定输出,if((p-&a[0][0])%4==0)表示每一行输出 4 个数据。for 循环关键就是要理解 *(p+i*4+j),它表示 a[i][j]的元素。

2. 通过建立一个行指针引用二维数组元素

用来存储行指针的指针变量,称为行指针变量。

语法格式:

类型标识符(＊变量标识符)[指向的数组的长度]

其中,类型标识符——所指数组的数据类型,如 int、float、double 等。

＊——表示其后的变量是指针类型。

指向的数组的长度——表示二维数组分解多个一维数组时,一维数组的长度,即二维数组的列数。

例如,int（＊p)[10];,行指针变量 p 用来指向一个包含 10 个 int 型元素的一维数组的指针变量。p+1 的值比 p 的值增加了 4×10 个字节。

> **注意**:定义里的括号不能少,否则就定义为了指针数组。因为方括号的优先级别高,首先 p[10]是数组,然后再与 ＊ 结合,就成了指针数组。这一点要弄清。

若有如下定义:

```
int a[3][2],(＊p)[2];
p=a;
```

那么可以通过如下的形式来引用数组元素 a[i][j]:

```
＊(p[i]+j)
＊(＊(p+i)+j)
＊(＊(p+i))[j]
p[i][j]
```

在此处 p 是个指针变量,它的值可变,而 a 的值不能变。

【例 8-12】 用指向二维数组的行指针来输出二维数组的各个元素。

```
/＊程序代码【例 8-12】＊/
#include <stdio.h>
main()
{
    static int m[3][4]={1,2,3,4,5,6,7,8,9,10,11,12};
    int(＊p)[4];
    int i, j;
    p=m;
    for(i=0; i<3; i++)
    {
        for(j=0; j<4; j++)
        {
            printf("%3d", m[i][j]);
        }
```

```
        printf("\n");
    }
    printf("*********************");
    printf("\n");
    for(i=0; i<3; i++)
    {
        for(j=0; j<4; j++)
        {
            printf("%3d", p[i][j]);
        }
        printf("\n");
    }
    printf("*********************");
    printf("\n");
    for(i=0; i<3; i++)
    {
        for(j=0; j<4; j++)
        {
            printf("%3d", * ( * (p+i)+j));
        }
        printf("\n");
    }
}
```

运行结果如图 8-17 所示。

图 8-17   例 8-12 程序运行结果

以三种形式来输出矩阵元素,第一种输出情形是常用的数组名输出;第二种形式的输出将二维数组名和行指针结合,即 p＝m;行指针指向二维数组中的数据;第三种输出实际上就是第二种输出,读者要掌握 * (* (p+i)+j)) 和 p[i][j] 的等价性。

3. 通过指针数组引用二维数组元素

在一个数组中,若其中的所有元素均为指针类型的数据,则称为指针数组。也就是说,指针数组中的每一个元素都相当于一个指针变量。

若有以下定义语句:

```
int * p[3], a[3][4], i, j;
```

因为方括号的优先级别高,首先 a[3]是数组,然后再与 * 结合,就成了指针数组。

通常指针数组的使用情况如下:

```
for(i=0; i<3; i++)p[i]=a[i];
```

此处 a[i]是常量,表示 a 数组的行首地址,p[i]是指针变量,循环执行的结果是 p[0]、p[1]、p[2]分别指向 a 数组的每行的开头。

所以,*(a[i]+j)和 *(p[i]+j)、*(*(p+i)+j)和 *(*(a+i)+j)、*(p+i)[j]和 *(a+i)[j]是完全等价的。不同的是,p[i]是可以改变的,而 a[i]是不可以改变的。

【例 8-13】 指针数组举例。

```
/* 程序代码【例 8-13】*/
#include <stdio.h>
main()
{    int a[3][3]={2,4,6,8,10,12,4,16,18}, i, j;
     int * p[3];
     for(i=0; i<3; i++)
         p[i]=a[i];
     for(i=0; i<3; i++)
     {
     for(j=0; j<3; j++)
         printf("%d, ", p[i][j]);
     printf("\n");
     }
}
```

运行结果如图 8-18 所示。

图 8-18 例 8-13 程序运行结果

通过循环 for(i=0; i<3; i++) p[i]=a[i];使得 p[0]指向 a[0],p[1]指向 a[1],p[2]指向 a[2]。p[i][j]等价于 a[i][j],只不过 p[i]是可以改变的,而 a[i]是不可以改变的。

8.7.2 指向多维数组的指针和指针变量

学习了一维数组的指针概念以后,理解多维数组的指针就不会太困难,下面以二维数组为例做简要说明。二维数组的指针有元素指针和行指针两种。用二维数组的元素指针作为函数实参,则形参的使用与前面讲的变量的指针作为函数参数或一维数组的指针作为函数参数完全相同。

1. 二维数组名作为实参

当二维数组名作为函数实参时，对应的形参必须是一个行指针变量。例如，在主函数中有如下函数调用语句：

```
main()
{
    double a[3][4];
    ...
    fun(a);
...
}
fun(double(*p)[n])
{...}
```

或者：

```
fun(double p[][n])
{...}
```

或者：

```
fun(double p[m][n])
{...}
```

上述的三种 fun() 函数的形式，无论是何种 fun() 函数形式，C 语言都会把 p 处理为一个行指针。调用 fun() 函数时只为形参开辟一个存放地址的存储单元，而不会在调用函数时为形参开辟一系列存放数组的存储单元。这里数组名 a 只是一个地址。

【例 8-14】　编写程序，用指针的知识打印出具有以下特点的杨辉三角形。

```
1
1    1
1    2    1
1    3    3    1
1    4    6    4    1
1    5    10   10   5    1
```

解析：观察数据规律：①第 0 列和对角线的元素都为 1；②除第 0 列和对角线上的元素外，其他元素的值均为前一行上的同列元素和前一列元素之和。本例关键的点就是如何来完成杨辉三角的数据实现，另一个就是怎样使用行指针，从 set(int(*s)[10], int n) 函数里可以看出，直接定义为行指针数组，函数内部用 s[][] 的形式实现数据变化，二重循环来实现数据的形成，外循环控制实现多少行，内循环控制实现每一行的具体数据。程序代码如下：

```
/*程序代码【例 8-14】*/
#include <stdio.h>
```

```
set(int(* s)[10], int n);        //求解杨辉三角
out(int s[][10], int n);         //声明函数,输出数据
main()
{
    int y[10][10], n=7;
    set(y, n);
    out(y, n);
}
set(int(* s)[10], int n)         //函数的首部采用了行指针
{
    int i=0, j;
    for(i=0; i<n; i++)           //i 表示输出的行号
        for(j=0; j<=i; j++)
            if(j==0 || j==i)     //给对角线上或者第 0 行元素置 1
            s[i][j]=1;
        else
            s[i][j]=s[i-1][j-1]+s[i-1][j];
}
out(int s[][10], int n)          //采用以二维数组表示的行指针
{
    int i, j;
    printf("杨辉三角形:\n");
    for(i=0; i<n; i++)
    {
    for(j=0; j<=i; j++)
        printf("%6d", s[i][j]);
    printf("\n");
}
}
```

运行结果如图 8-19 所示。

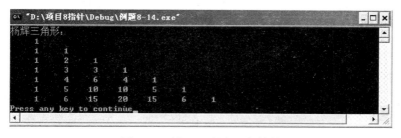

图 8-19　例 8-14 程序运行结果

8.7.3　指针型函数

C 语言里除了可以用 return 语句返回一个具体的数值外,还可以用它返回一个具体

的指针型结果,那么此时定义的函数就必须为指针型函数。

1. 指针型函数的定义

一个函数可以带回一个整数值、字符值、实型值等,也可以带回指针型的数据,即地址。其概念与以前介绍的内容类似,只是带回的值是指针类型。

语法格式:

数据类型 * 函数名(参数表){函数体}

例如:

```
int * add(int * a, int * b)
    {函数体}
```

就是一个指针函数。其中,add 是一个返回指针值的指针型函数,它返回的指针指向一个整型变量。

其中,函数名前加一个"*"号表示这是一个指针型函数,即返回值将是一个指针。数据类型表示了返回的指针函数的数据类型。其实从此处的定义可以看出,指针函数和前面定义的函数唯一不同就是函数名前面加了一个 * 号,函数的返回值不一样。

【例 8-15】　返回指针函数。

解析:函数 min 的功能是查找实参传过来的一维数组 a 中的最小元素,并将指向该最小值的元素的指针返回给主调函数,即返回一个指向 int 型存储单元的指针。此处要特别强调的是,语句 q=p+i;不要写为 q=p;因为 p 指针是不动的,需要通过加整数来访问数组的每一个存储单元,所以写为此形式后得到的结果永远是 q 指针不动,指向数组 a 的起始位置。

```
/ * 程序代码【例 8-15】 * /
#include <stdio.h>
int * min(int * p)
{
    int i, * q=p;              //p、q同时指向数组 a 的起始地址
    for(i=1; i<10; i++)
    if(*(p+i)< * q)
        q=p+i;                //返回一个整型指针
    return q;                 //返回一个整型指针
}
void main()
{
    int a[10]={2,3,4,5,20,7,8,9,1,10}, * p;
    p=min(a);
    printf("min=%d\n", * p);
}
```

运行结果显示:

```
min=1
```

> **注意：**
> （1）函数所返回的指针必须是指向尚未释放的存储单元的指针。
> （2）函数返回的指针不是那个指针的地址，而是那个指针指向的存储单元的地址，这点切记，不要混淆。所以在例 8-15 中，若写 return &q；则是错误的，概念混淆了。

2. 函数指针变量

对于每个定义的函数，C 语言都会给这个函数分配一个连续的存储单元，而这个函数的函数名代表的是首地址。把函数的这个首地址赋给一个指针变量，使该指针变量指向该函数，则称该指针变量为"函数指针变量"，它指向函数。

函数指针变量的语法格式如下：

```
类型说明符  (＊指针变量名)();
```

其中，"类型说明符"表示被指函数的返回值的类型。（＊指针变量名）表示"＊"后面的变量是定义的指针变量。（）表示指针变量所指的是一个函数。

例如：

```
float(＊fun)();
```

表示一个指向函数入口的指针变量，该函数的返回值是浮点型。

对于按照上述格式定义的函数指针变量，定义好以后，要给它一个具体的指向，然后才可以使用它。通过指向函数的指针变量调用所指向函数的一般调用形式为：

```
(＊指针变量名)(实参列表);
```

例如，有一返回整型值的函数 add(int a, int b)，则：

```
int(＊f)();              //定义指向函数的指针变量 f
f=add;                   //使指针变量 f 指向函数 add
c=(＊f)(a, b);           //通过指针变量 f 调用函数 add
```

等价于：

```
c=add(a, b);
```

> **注意：**
> （1）函数调用中"（＊指针变量名）"两边的括号不可少，其中的"＊"是指针变量定义符号。
> （2）函数指针变量是没有算术运算的，这是与数组变量不同的。数组指针变量加减一个整数可使指针移动指向后面或前面的数组元素，而函数指针的移动毫无意义。

【例 8-16】 指针函数使用举例。

解析：输入两个数据，然后调用 z＝(＊p)(x, y);语句，这个调用语句就等价于 z＝

add(x，y);。p 指根据地址找到函数的入口，然后开始运算。对于函数指针，由于只是调用形式上改变了一下，无法进行算术运算，所以使用的并不是很多。

```c
/* 程序代码【例 8-16】*/
#include <stdio.h>
int add(int a, int b)
{   return a+b;    }
main()
{    int(*p)();                  //定义了指针函数变量
     int x, y, z;
     p=add;                      //赋地址值
     printf("please input two numbers:\n");
     scanf("%d%d", &x, &y);
     z=(*p)(x, y);               //该语句就等价于 z=add(x,y);
     printf("sum=%d\n", z);
}
```

运行结果显示：

```
please input two numbers:
12 46
sum=58
```

注意：int（*p）();和 int * p();是不同的，前者是函数指针变量声明，后者是已经讲过的指针型函数的声明，二者不要混淆。

8.7.4 指向指针的指针

指针变量也有地址，这个地址可以存放在另一个变量中。如果变量 p 中存放了指针变量 q 的地址，那么 p 就指向指针变量 q。指向指针数据的指针变量，称为指向指针的指针。

定义指向字符型指针数据的指针变量形式如下：

char **p;

如果有 char * q＝"hello";，则 p＝&q;是合法的。
*p 相当于 q，**p 相当于*q，因此**p 中的值为'h'。

【例 8-17】 指向指针的指针举例。

```c
/* 程序代码【例 8-17】*/
#include <stdio.h>
 main()
{    char * str[]={"hello","china","world"};
     char * q;
     int i;
```

```
    q=str;
    for(i=0;i<5;i++)
        printf("%s\n, * (q++)");
}
```

总而言之,指针是 C 语言的一个重要概念,也是 C 语言的一个特色,正确灵活地运用指针可以有效地表达数据结构,动态地分配内存以及方便地处理字符串,有效而方便地使用数组,可以直接处理内存等。学好本章,可以为后续章节的内容学习带来便利。

有关指针的定义类型总结如表 8-2 所示。

表 8-2 指针类型总结

定 义	含 义
int i;	定义一个整型变量 i
int * p;	p 为指向整型数据的指针变量
int a[n];	定义整型数组 a,它有 n 个元素
int * p[n];	定义指针数组 p,它有 n 个指向整型的指针元素
int (* p)[n];	p 为指向含有 n 个元素的一维数组的指针变量
int f();	f 为返回整型值的函数
int * p();	p 为返回值为指针的函数,该指针指向整型数据
int (* p)();	p 为指向函数的指针,该函数返回一个整型值
int * * p;	定义一个指向指针的指针变量
int f();	f 为返回整型值的函数

第 9 章 编译预处理

📂 **知识要点：**

(1) 了解文件包含的有关知识。

(2) 无参数宏定义和有参数宏定义。

(3) 宏替换和函数调用的区别。

(4) 条件预编译的处理指令。

✒️ **技能目标：**

(1) 掌握宏定义的运用。

(2) 掌握条件编译预处理指令的配合使用。

9.1 场景导入

【项目场景】

现有昆山环科计算机有限公司，为了调查员工的业绩是否进步，有时候需要得出最高分，有时候需要得出最低分，并且每次只需得出一个最高分或者一个最低分。试根据以上要求编程，输出结果大致如图 9-1 所示。

图 9-1 工作场景示例

【抛出问题】

(1) 如何使用宏来定义员工的数目？

(2) 如何运用条件编译实现得出最高分或最低分？

(3) 宏替换和功能函数实现方式有何不同？

9.2 宏　定　义

在 C 语言程序中用一个指定的标识符来代表一个字符串,称为"宏",这个标识符称为"宏名"。在编译预处理时,对程序中所有出现的"宏名"均可以用宏定义中的字符串去替换,为了区别于一般的变量名、数组名、指针变量名,宏名一般用大写字母组成。C 语言中的宏定义可以分为两种形式:带参数的宏定义和不带参数的宏定义。

9.2.1　无参数宏定义

无参数的宏定义常用来定义符号常量。所谓无参数的宏定义,是指用一个指定的标识符来代表一个字符串,宏名后面不带圆括号和参数表。这样使得用户能以一个简单易记的常量名称代替一个较长而难记的具体常量,预处理时用具体的常量字符串替换宏名,这个过程叫宏展开。

其定义的一般形式为:

```
#define 标识符    具体常量
#define  宏名     替换字符
```

例如:

```
#define PI 3.1415926
```

其作用是将宏名 PI 定义为实数 3.1415926。在编译预处理时,将用 3.1415926 来代替该 define 指令后的每一个 PI。再如:

```
#define AREA "面积为:"
```

表示将宏名 AREA 定义为字符串"面积为:"。在编译预处理时,将会用"面积为:"来代替 AREA。

【例 9-1】 计算圆的面积和周长。

```
#include <stdio.h>
#define PI 3.14                        //利用宏名 PI 来代替具体常量的值
void main()
{
    float r, s, l;                     //定义两个浮点型变量
    printf("r=");
    scanf("%f", &r);                   //输入浮点型变量 r 的值
    s=PI * r * r;                      //计算圆的面积
    l=2.0 * PI * r;
    printf("面积为:%f\n 周长为:%f\n", s, l);   //输出圆的面积和周长
}
```

运行结果如图 9-2 所示。

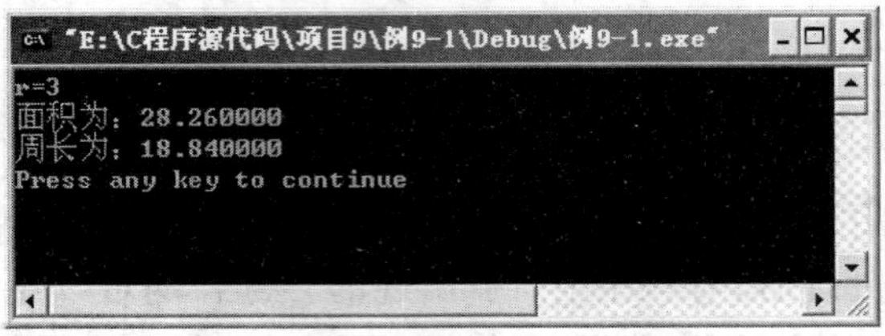

图 9-2　例 9-1 运行结果

分析：在程序的开始利用宏定义,定义 PI 代替圆周率的值,在计算圆的面积时直接用宏名来代替圆周率,当程序中多处使用 3.14 参与运算时,一旦觉得不够精确,只需将"♯define PI 3.14"改成要求的精度即可。可以看出,宏定义除了容易记忆之外,还有易改的特点。因此,宏提高了程序的通用性和易读性,减少了不一致性。

> **注意:**
> （1）宏名的前后应有空格,以便准确地辨认宏名,如果没有留空格,则程序运行的结果会出错。人们习惯用大写表示宏名,但系统也不认为小写是错的。
> （2）宏定义是用宏名来表示一个字符串,在宏名展开时又以该字符串取代宏名。这只是一个简单的代换,字符串中可以含有任何字符,可以是常数,也可以是表达式,预处理程序对它不做任何检查。如果错误,只能在编译阶段发现。
> （3）该命令不是语句,其后不加分号,如果加了分号则会连分号一起替换。
> （4）同一宏名不能重复定义,除非两个宏名命令行完全一致。
> （5）一个宏定义通常在一行内定义完。当一个宏定义多于一行时,必须使用转义符"\",即在按换行符(Enter 键)之前先输入字符"\"。

字符串（或数值）中如果出现运算符号,则要注意替换后的结果,通常可以在合适的位置加上括号。

【例 9-2】　宏定义中带表达式的运用。

```
#define N (5 * y+x * y)
#include <stdio.h>
main()
{
    int s, x, y;
    printf("please input a number:");
    scanf("%d", &x);                        //输入一个整数
    printf("please input a number again:");
    scanf("%d", &y);
    s=2 * N+3 * N+6 * N;                    //计算出结果
    printf("s=%d\n", s);
}
```

运行结果如图 9-3 所示。

图 9-3　例 9-2 程序的运行结果

分析：在上面的程序中，首先进行宏定义，定义用 N 来代替表达式(5＊y＋x＊y)，在 s＝2＊N＋3＊N＋6＊N;中做了宏调用。经宏展开后语句变为下面的形式：

s=2＊(5＊y+x＊y)+3＊(5＊y+x＊y)+6＊(5＊y+x＊y);

再把输入的 x、y 值带入即可得出答案；如果在宏定义中表达式(5＊y＋x＊y)两边的括号没有了，预处理时将会变为 s＝2＊5＊y＋x＊y＋3＊5＊y＋x＊y＋6＊5＊y＋x＊y;显然，加括号与不加括号的意义与答案就完全不一样了。

宏定义允许嵌套，在宏定义的字符串中可以使用已经定义的宏名。在宏展开中由预处理程序层层代换。

【例 9-3】　求圆的面积和同半径球的表面积。

```
#define PI 3.1415926          //利用宏定义来给 PI 赋值
#define R 3.8                 //利用宏定义来给 R 赋值
#define AREA PI * R * R        //利用宏定义来给出圆面积计算公式
#define S 4.0 * AREA           //利用宏定义来给出同半径球的表面积计算公式
#include <stdio.h>
void main()
{
    printf("面积为:%f!\n 球的表面积为:%f\n", AREA, S);
    //利用宏定义求出圆的面积并输出
}
```

运行结果如图 9-4 所示。

图 9-4　例 9-3 运行结果

分析：此程序替换的过程为 S＝4.0＊AREA;而 AREA＝PI＊R＊R，也即 S＝4.0＊PI＊R＊R。在程序开头定义 PI 和 R 的值分别为 3.1415926 和 2.8。所以 AREA 的最终结果为 45.364597,S 的结果为 181.458389。

C语言规定,宏名如果出现在字符串常量中,将不作为宏名处理,不对其进行宏替换。

【例 9-4】 宏名出现在字符串常量中。

```
#define PI 3.1415
float r=3.50;
#include <stdio.h>
main()
{
    printf("s=PI * r * r=%f\n", PI * r * r); //输出圆的面积并让宏名出现在字符串常量中
}
```

运行结果如图 9-5 所示。

图 9-5　例 9-4 程序的运行结果

分析:运行结果是 s＝PI * r * r=38.483375 而不是 s＝3.1415 * r * r＝38.483375,
这说明宏名如果出现在字符串常量中,将不作为宏名处理,不对其进行宏替换。

通常,♯define 命令写在文件开头,函数之前,作为文件的一部分,此时宏定义的作
用域为该文件的整个范围。也可以把宏定义安排在程序的其他位置上,不过在使用符
号常量之前一定要定义。另外,还可以用 ♯undef 命令提前终止宏定义的作用域。
例如:

```
#define G 9.8
main()                                    /* G 开始有效 */
{
    …
}
#undef G                                  /* 使 G 无效 */
float func()
{
    …                                     /* G 无效 */
}
```

9.2.2　有参数宏定义

除了简单的宏定义外,C 预处理程序还允许定义带参数的宏定义。有参数的宏定义
是指用一个带参数的宏名代表一个字符串,预处理时不再是简单的字符串替换,还要进行
参数替换。

其定义的一般形式为:

```
#define 宏名 (参数表)字符串
```

其中,"参数表"是用逗号隔开的若干个形式参数,每个形式参数为标识符;"字符串"中一般含有宏名括号中指定的参数,不仅进行简单的常量字符串替换,还要进行参数替换。在预处理时,编译器将程序中的实际参数代替宏中有关的形式参数。例如,定义一个三角形的带参宏 S 为圆的面积:

```
#define PI 3.14
#define S(r)(PI * r * r)
```

其定义中的替换字符串还不是最终的量,必须根据程序语句中实际使用宏名 S 所带的具体参数 r 的值来确定替换字串的内容,假如程序中有下面的宏引用:

```
per=S(3);
```

则展开宏时为:

```
per= (3.14 * 3 * 3);
```

【例 9-5】 带参宏的运用。编写程序,输入两个数,输出其中较大的一个数。

```
#include <stdio.h>
#define MAX(a, b)(a>b)?a : b
main()
{
    int x, y;
    printf("please input a number:");
    scanf("%d", &x);                        //输入一个数
    printf("please input another number again:");
    scanf("%d", &y);
    printf("%d\n", MAX(x, y));              //带参数的宏替换
}
```

运行结果如图 9-6 所示。

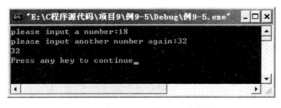

图 9-6 例 9-5 程序的运行结果

分析:当 main 函数中调用 MAX(x,y)宏时,宏定义中的形式参数 a、b 分别用 x、y 代替,宏展开时,printf("%d", MAX(a, b));已经被替换为 printf("%d",(x>y)? x:y);,其中 x、y 就是之前输入的两个值,显然得出结果为 32。

注意：

（1）在带参宏定义中，形参不分配内存单元，因此不必进行类型定义。

（2）宏名与其右边的左圆括号之间不能有空格，如果出现空格，系统自动将空格以后的全部内容作为代替的内容。例如#define S（a，b）a＊b，系统误认为：S是字符常量，它所代替的字符串为"（a，b）a＊b"。

（3）应尽量避免用自增变量作为宏替换的实参，否则使用不当会带来意想不到的结果。

（4）如果宏的参数使用表达式，则在宏定义时，对应的形参应加圆括号。

【例 9-6】 宏的参数使用表达式。

```c
#include <stdio.h>
#define x(a, b)a * b
int m(int a, int b)
{
    return(a * b);
}
main()
{
    printf("%d\n", x(3+5,6-4));        //宏替换
    printf("%d\n", m(3+5,6-4));        //函数调用
}
```

运行结果如图 9-7 所示。

图 9-7　例 9-6 运行结果

分析：显然，调用宏时计算表达式为 3＋5＊6-4＝29，而函数调用时，计算表达式为（3＋5）＊（6-4）＝16，要想得到与函数调用一样的结果，应加括号，即宏定义应为：

```c
#define x(a, b)(a) * (b)
```

9.3　文件包含

所谓"文件包含"处理，是指在一个文件中包含另一个文件的全部内容，即把另外的文件包含到本文件中，使之成为源程序的一部分。在 C 语言中，#include 命令行被所包含文件的内容覆盖，这在文件的内容被其他文件重复使用时很有用。

文件包含命令的形式有两种：

```
#include "文件名"
```

或者:

```
#include <文件名>
```

其中,"文件名"允许是 C 编译系统提供的预定义文件名或用户自己定义的 C 程序名。
例如:

```
#include <math.h>
#include "myfile.c"
```

math.h 就是 C 预定义的标准头文件,而 myfile.c 则是用户自己定义的 C 程序文件。

两种文件包含命令的区别如下。

(1) ♯include <文件名>方式常用来包含系统头文件。系统头文件一般存储在系统指定的目录中。当 C 编译器识别这条♯include <文件名>命令后,它不搜索当前子目录,而直接到系统指定的包含子目录,即 include 子目录中去搜索相应的头文件,并把搜索到的头文件的内容"包含"到"主"文件中来。例如:

```
#include <string.h>
```

编译系统仅在设定的子目录下查找包含文件,如果找不到,编译系统将会报告错误信息,并停止编译过程。

(2) ♯include "文件名"方式常用来"包含"程序员自己建立的头文件。当编译器识别出这条♯include "文件名"命令后,它先搜索"主"文件所在的当前子目录,如果没有找到,再去搜索相应的系统子目录。例如:

```
#include "c:\user\user.h"
```

编译系统在 c:\user 子目录下查找被包含文件 user.h。

例如,假如 f1.c 文件中的内容如下:

```
int a, b, c;
extern int m;
#define PI 3.1415926
```

f2.c 文件的内容如下:

```
#include "file.c"
main()
{
...
}
```

则对 f2.c 文件进行编译时,在编译处理阶段将对其中的♯include 命令进行"文件包含处理";将 f1.c 文件中的全部内容插入到 f2.c 文件中的♯include "file.c"预处理语句处,经过编译预处理后,f2.c 文件的内容为:

```
int a, b, c
extern int m;
#define PI 3.1415926
main()
{
...
}
```

C语言也允许被嵌入文件带有♯include指令,这叫嵌套嵌入。在下面的例子中,一个程序的嵌入文件中又嵌入了另外一个文件。

【例9-7】 文件嵌套包含的运用。

```
main()
{
    #include "file1"
}
```

文件 file1 的内容为:

```
#include "file2"
printf("This is from the first include file./n");
```

文件 file2 的内容为:

```
printf("This is from the second include file./n");
```

> **注意**:如果文件的明确路径与文件名一起给出,编译时只在所指定的目录中查找嵌入文件。如果文件名在双引号内,将首先查找当前工作目录。如果没有找到,则到命令行所指定的目录中继续搜索。若仍未找到这个文件,就由环境工具在指定的目录中去查找。

【例9-8】 将若干个系统头文件包含到文件中来。程序代码如下:

```
#include <stdio.h>
#include <math.h>
#include <string.h>
main()
{
    ...
}
```

其中,stdio. h 头文件含有与标准的输入输出操作有关的函数的原型声明等,如 printf、putchar 函数;math. h 中则是一些数学函数的原型声明,而 string. h 头文件中是字符串与内存操作函数,如 strcpy 等。这些系统头文件存储在系统指定的子目录中,所以程序中使用包含命令时用< >括起头文件,以便 C 编译器直接搜索系统子目录,快速找到这些头文件。

注意：

（1）一条#include命令只能包含一个文件，若要包含多个文件，就必须使用多条#include命令。

（2）C语言提供了若干标准函数库，每个标准函数库都有某个预定义的头文件相对应。文件中包含相应函数库中每个函数的说明，以及各种有用的数据结构的说明。若用#include命令把某个头文件包含到自己的源程序文件中，在预处理时，程序中的#include命令就被指定的包含文件的内容代替。

（3）除了预定义的标准头文件外，一般的情况是包含用户自己设计的文件。

（4）当用户文件由多个源程序文件组成时，为了避免重复性的说明和定义，提高效率，提高程序的可靠性和可维护性，可以把各个源文件共同使用的函数类型说明以及符号常量的宏定义等组建为单独的用户包含文件，然后在各个源文件中用#include指定该用户的包含文件，这样不但使程序简洁明快，更保证了各个源程序文件中函数说明和符号常量定义的一致性。因此，文件包含也是模块程序设计的手段之一。

根据经验的总结，以下内容放在头文件中比较合适（需要说明的是C语言对此没有强行的规定）。

（1）宏定义，如#define PI 3.1415926。

（2）包含指令，如#include <stdio.h>。

（3）常量定义，如const float pi = 3.14159；。

（4）函数声明，如extern float fun(float x)；。

对于函数的定义、数据的定义等代码，不宜包含在头文件中。

9.4　条件编译

条件编译是对源程序中的某段程序通过条件来控制是否参加编译。C语言属于高级语言，从原理上说，高级语言的源程序应与系统无关，然而，对于不同的系统，C语言的源程序仍存在微小的差别。在用C语言编写程序时，为了提高它的可移植性，C语言的源程序中的一小部分需要针对不同的系统编写不同的代码，这样可使其在某一确定的系统中选择其中有效的代码进行编译。条件编译就是提供这方面功能的预处理指令。

1. #if指令

#if指令的一般格式为：

```
#if 常数表达式
    语句段
#endif
```

#if指令的基本含义是：若#if指令后的常数表达式为真，则编译#if到#endif之间的程序段，否则跳过这段程序。#endif指令用来表示段的结束。

【例9-9】　#if条件编译的运用。

```
#define MIN 200
main()
{
    #if MIN <201                          //#if 条件编译语句
        printf("compiled for array smaller than201\n");
    #endif
}
```

运行结果如图 9-8 所示。

分析：由于程序中 MIN 是小于 201 的，因此在屏幕上显示信息。

图 9-8 例 9-9 运行结果

注意：#if 后的表达式是在编译时求值，因此它只能是由事先已定义过的宏替换名和常量组成，而不能使用变量。

通常 #if 与 #else 配套使用。#else 的作用和 C 语言中的 else 指令的作用类似；当 #if 为假时提供另一种选择。因此例 9-9 可扩展为：

```
#define   MIN 300
main()
{
    #if MIN <201                          //#if 条件编译语句
        printf("compiled for array smaller than 201\n");
    #else                                 //#else 条件编译语句
        printf("compiled for large array\n");
    #endif
}
```

运行结果如图 9-9 所示。

图 9-9 程序的运行结果

分析：这里 MIN 被定义为一个大于 201 的数，所以 #if 后的这段程序不被编译，而编译 #else 后的那段程序，因而，将显示"compiled for large array"。

2. ♯ ifdef-♯ ♯ elif-♯ ♯ elif…♯ else-♯ endif 指令

♯ ifdef-♯ ♯ elif-♯ ♯ elif…♯ else-♯ endif 指令的一般格式为：

```
#if   表达式
    语句段
#elif   表达式 1
    语句段
#elif   表达式 2
    语句段
#elif   表达式 3
    语句段
...
#elif   表达式 n
    语句段
#endif
```

♯ elif 指令的含义是"else if"，它用来建立一种"如果……或者如果……"这样阶梯状多重编译操作选择，♯ elif 后跟一个常量表达式。如果表达式的值为真，则编译它后面的那段程序，并且不再继续检验后续的表达式。否则继续检验下一个 ♯ elif 条件。

3. ♯ ifdef 和 ♯ ifndef 指令

它们的意思是"如果宏已定义"和"如果宏未定义"。

♯ ifdef 的一般形式为：

```
#ifdef 宏替换名
    语句段
#endif
```

如果宏替换名已经由 ♯ define 语句给出了定义，就编译 ♯ ifdef 和 ♯ endif 之间的语句。

♯ ifndef 的一般形式为：

```
#ifndef 宏替换名
    语句段
#endif
```

如果宏替换名在这之前未经 ♯ define 语句定义，则编译语句段的内容。

指令 ♯ ifdef 和 ♯ ifndef 还可以与 ♯ else 指令一起使用，但不能与 ♯ elif 指令一起使用。

【例 9-10】 ifdef 和 ♯ ifndef 指令的使用。

输入一个口令，根据需要设置条件编译，使之在调试时，按原码输出；在使用时输出"＊"，并且口令以'\t'结束。具体代码如下：

```
#define DEBUG
#include <stdio.h>
```

```
main()
{
    char pass[80];
    int i=1;
    printf("\nplease input password:");
    do{
        i++;
        pass[i]=getchar();
        #ifdef DEBUG
            putchar(pass[i]);
        #else
            printf('*');
        #endif
    } while(pass[i] !='\t');
    #ifndef RALPH
        printf("\nRALPH  not defined\n");
    #endif
}
```

运行结果如图 9-10 所示。

图 9-10   例 9-10 运行结果

分析：由于之前已经宏定义了 DEBUG，所以输入密码后应该执行 ifdef 后面的程序段，即按原码输出。假如没有宏定义，则输出"＊"。又由于没有宏定义 RALPH，所以#ifndef 后面的程序段也会被执行，输出结果即为图 9.10 所示。

9.5   回 到 场 景

通过前面任务内容的学习，应该掌握如何使用宏定义和条件编译的基本方法，此时足以完成本章开始处工作场景中的任务。显然这里的宏名 NUM 就是对应该公司员工的人数，宏名 MFLAG 就是控制的求最高分还是最低分。

首先把该公司的人数定义为 10 人，并且得出最高分，则在程序中宏定义为：

```
#define MFLAG 1
#define NUM 10
```

假如要求出最低分时,则定义 MFLAG 为 0。

程序代码如下:

```c
#include <stdio.h>
#define MFLAG 1                          //宏定义为 1 时求最大值,为 0 时求最小值
#define NUM 10                           //利用宏定义给出该公司的员工人数
main()
{
    int i;
    float array[NUM], M;
    printf("please input score:\n");
    for(i=0; i<NUM; i++)
        scanf("%f", &array[i]);
    M=array[0];                          //给 M 赋初值为 array[0]
    for(i=0; i<NUM; i++)
    {
        #if MFLAG                        //预处理判断 C 编译器定义的宏是否为真
            if(M<array[i])
            M=array[i];                  //求最大值
        #else
            if(M>array[i])
            M=array[i];                  //求最小值
        #endif
    }
    printf("the max 0r the min is:%f\n", M);
}
```

运行结果如 9-11 所示。

图 9-11 工作场景程序的运行结果(MFLAG 为 1 时)

当把 MFLAG 定义为 0 时,运行结果如图 9-12 所示。

图 9-12 工作场景程序的运行结果(MFLAG 为 0 时)

注意：在程序中是这样控制求最大值还是最小值的：当定义 MFLAG 为 1 时，for 循环语句 if(M<array[i]) M=array[i]；参加编译，此时求 10 个数中的最大者；当定义 MFLAG 为 0 时，for 循环语句 if(M>array[i]) M=array[i]；参加编译，此时求 10 个数中的最小者。

9.6 拓 展 训 练

一、选择题

1. 若程序有宏定义 ♯define M 100，则以下叙述中正确的是(   )。

    A. 宏定义中定义了标识符 M 的值为整数 100

    B. 在编译程序对 C 源程序进行预处理时用 100 替换标识符 M

    C. 对 C 源程序进行编译时用 100 替换标识符 M

    D. 在运行时用 100 替换标识符 M

2. 以下叙述中错误的是(   )。

    A. 在程序中凡是以"♯"开始的语句行都是预处理命令行

    B. 预处理命令行的最后不能以分号表示结束

    C. ♯define MAX 是合法的宏定义命令行

    D. C 程序对预处理命令行的处理是在程序执行的过程中进行的

3. 以下关于宏的叙述中正确的是(   )。

    A. 宏名必须用大写字母表示

    B. 宏定义必须位于源程序中所有语句之间

    C. 宏替换没有数据类型限制

    D. 宏调用比函数调用耗费时间

4. 若有以下宏定义：

```
#define    N    2
#define    Y(n)    ((N+1) * n)
```

则执行语句 z = 2 * (N + Y (5))；后的结果是(   )。

    A. 语句有错误   B. z = 34   C. z = 70   D. z 无定值

5. 若有宏定义：

```
#define   MOD(x , y)   x%y
```

则执行以下语句后的输出为(   )。

```
int  z , a=15 , b=100;
z=MOD(b , a);
printf(" %d\n " , z++);
```

    A. 10   B. 11   C. 6   D. 宏定义不合法

6. 在"文件包含"预处理语句的使用形式中,当♯include 后面的文件名用" "(双引号)括起时,寻找被包含文件的方式是(　　　)。

    A. 按系统设定的标准方式搜索目录

    B. 先在源程序所在目录搜索,再按系统设定的标准方式搜索目录

    C. 仅搜索源程序所在目录

    D. 仅搜索当前目录

7. 在"文件包含"预处理语句的使用形式中,当♯include 后面的文件名用< >(尖括号)括起时,寻找被包含文件的方式是(　　　)。

    A. 按系统设定的标准方式搜索目录

    B. 先在源程序所在目录搜索,再按系统设定的标准方式搜索目录

    C. 仅搜索源程序所在目录

    D. 仅搜索当前目录

二、填空题

1. C 提供的预处理功能主要有_____、文件包含和条件编译。

2. "文件包含"的一般形式为_____。

3. 不带参数的宏定义是用一个指定的标识符(即名字)来代表一个_____。

4. 设有以下宏定义:

```
#define  WIDTH     80
#define  LENGTH    (WIDTH+40)
```

则执行赋值语句:k = LENGTH * 20 ;(k 为 int 型变量)后,k 的值是_____。

5. 设有以下宏定义:

```
#define  WIDTH     80
#define  LENGTH    WIDTH+40
```

则执行赋值语句:k = LENGTH * 20 ;(k 为 int 型变量)后,k 的值是_____。

三、阅读程序,写出运行结果

1. 执行以下程序的输出结果是_____。

```
#include <stdio.h>
#define SUB(x,y)x*y
main()
{
  int a=3,b=4;
  printf("%d\n",SUB(a,b));
}
```

2. 执行以下程序的输出结果是_____。

```
#include <stdio.h>
#define SELECT(a,b)a<b?a:b
```

```
main()
{
  int m=2,n=4;
  printf("%d\n",SELECT(m,n));
}
```

3. 执行以下程序的输出结果是_____。

```
#include <stdio.h>
#define M 5
#define N M+M
main()
{
  int k;
  k=N * N * 5;
  printf("%d\n", k);
}
```

4. 以下程序的输出结果是_____。

```
#include <stdio.h>
#define N 5
int fun(int * s, int a, int n)
{
  int j;
  * s=a; j=n;
  while(a!=s[j])
    j--;
  return j;
}
main()
{
  int s[N+1];
  int k;
  for(k=1; k<=N; k++)
    s[k]=k+1;
  printf("%d\n", fun(s,4,N));
}
```

三、编程题

1. 利用宏定义编程,接收键盘上输入的两个数,并把较小的值显示出来。
2. 用带参数宏定义的方式编程求三个数中的最大值。

9.7 知 识 链 接

宏替换与函数调用的区别如下。

(1) 在函数中,形参和实参是两个不同的量,各有自己的作用域,调用函数时,则是先求出实际参数的表达式的值,再代入形式参数变量中。而在带参宏中,宏实际参数只是简单地对宏形参原形的替换。

(2)函数调用是在程序运行时发生的,并动态分配所用的内存单元,而宏调用是在编译预处理时进行的,而且不分配内存单元,不进行值传递,也无值返回。

(3)与函数的参数不同,宏参数没有固定的数据类型,因此宏定义时不涉及类型,宏名和宏参数名均无类型,而在函数中,要对实参和形参定义数据类型。

(4)使用宏次数越多,宏展开后的源程序越长,而使用函数调用不增加运行的长度。

(5)宏定义主要用于需要少量参数的简单表达式,而且调用时不做数据类型检查。

(6)函数调用只能得到一个返回值,而用宏可以设法得到几个结果。

【例 9-11】 打印 1～10 的平方数。

```c
#include <stdio.h>
int square(int n)
{
    return(n * n);
}
main()
{
    int i=1;
    while(i <=8)                    //控制 8 次循环
        printf("%d ", square(i++));  //函数调用
    printf("\n");
}
```

使用函数调用的运行结果如图 9-13 所示。

图 9-13 例 9-11 使用函数的运行结果

```c
/* 下面使用宏替换来得到结果 */
#include <stdio.h>
#define F(a)a * a                   //带参的宏定义
main()
{
    int k=1;
    while(k <=8)                    //控制 8 次循环
        printf("%d ", F(k++));
}
```

使用宏替换的运行结果如图 9-14 所示。

图 9-14　例 9-11 使用宏替换的运行结果

　　分析：显然，用函数调用的运行结果是正确的，使用宏替换的运行结果是错误的，这是因为预处理时，F 的宏体被替换为(k++)*(k++)。由于 C 语言中实际参数求值顺序是从右向左，因此循环过程为：第一次，(k++)*(k++)为 1*1；第二次，(k++)*(k++)为 3*3；第三次，(k++)*(k++)为 5*5；第四次，(k++)*(k++)为 7*7。程序运行共循环了 4 次。

第 10 章 文　　件

知识要点：

(1) 文件的基本概念。

(2) fopen 函数和 fclose 函数。

(3) fputc 函数和 fgetc 函数。

(4) fputs 函数和 fgets 函数。

(5) 文件的定位和检测。

技能目标：

(1) 了解文件、缓冲文件系统的概念。

(2) 掌握文件指针的定义和使用方法。

(3) 掌握文件的打开和关闭方法。

(4) 掌握文件读写、定位及检测等操作方法。

10.1　场景导入

【项目场景】

　　梁静是苏州某高校的一名教师，负责学校的信息化建设。现收到学生一份申请(电子文件)，需及时给予回复，按照学校规定，学生申请的原稿需存档，老师要对原稿文件复制一份，并在复制的文件中做出回复。试根据文件的相关操作，编程完成上述任务，得到如图 10-1 所示的输出结果。

图 10-1　项目程序运行结果

【抛出问题】

(1) 如何定义和使用文件指针？

(2) 如何打开、关闭文件？

(3) 文件读写操作、文件的定位是如何实现的？

(4) 本项目场景中需使用哪些文件处理函数来实现对文件的操作？

10.2   C语言中文件的概念

10.2.1   文件的概念与分类

1. 文件的概念

所谓"文件"是指存储在外部介质上数据的集合。文件是程序设计中的一个重要概念，实际上前面项目中介绍的源程序文件、目标文件、可执行文件和头文件等都属于文件。

通常数据是以文件的形式存放在外部介质（如磁盘）上的，在使用时才调入内存。也就是说，如果想找存在外部介质上的数据，必须先按文件名找到所指定的文件，然后再从文件中读出数据；如果要向外部介质上存储数据也必须先建立一个文件（以文件名标识），才能向它输出数据。

2. 文件的分类

(1) 从用户的角度看，可以将文件分为两类：普通文件和设备文件。

普通文件，也称为磁盘文件，是指存储在磁盘或其他外部介质上的一组有序数据的集合，可以是源文件、目标文件、可执行文件，也可以是一组待输入的原始数据或是一组输出的结果。源文件、目标文件、可执行文件称为"程序文件"，输入输出的数据称为"数据文件"。

设备文件是指与主机相连的各种外部设备，如显示器、键盘等。在操作系统中，把外部设备也看成一个文件来进行处理，对它们的输入输出等同于对磁盘文件的读和写。通常把显示器定义为标准输出文件，一般在屏幕上显示信息就是向标准输出文件输出，如printf 函数、putchar 函数等。键盘通常被定义为标准输入文件，从键盘上输入意味着从标准输入文件上输入数据，如 scanf、getchar 函数等。

> **说明：**C 语言规定，对于标准输入输出设备进行数据的读写操作不必事先打开设备文件，操作后也不必关闭设备文件。因为系统在启动后自动打开这些标准输入输出设备，系统关闭时将自动关闭这些设备。

(2) 从数据的组织形式来看，可以将文件分为两类：文本文件和二进制文件。

文本文件是指文件的内容是由一个一个的字符组成的，这种文件在磁盘中存放时每个字符对应一个字节，用于存放对应的 ASCII 码，故也称为"ASCII 码文件"。文本文件的结束标志在 stdio.h 文件中定义为 EOF（该字符常量的值为 −1），可用来测试文件是否结束。

二进制文件是把内存中的数据按其在内存中的存储形式原样输出到磁盘文件上存储。数据存入文件时不需要进行数据转换。

二进制文件节省存储空间并且输入输出的速度较快,在应用中,如果数据只作为中间结果,还待后续处理的,一般用二进制文件;若数据是要进行输出以便让人们阅读,一般用文本文件。

10.2.2　文件的处理方式

C语言并没有提供对文件进行操作的语句,所有文件的操作都是通过C语言编译系统所提供的库函数来实现的。C语言编译系统提供了以下两种文件处理方式。

1. 缓冲文件系统

缓冲文件系统是指系统自动在内存中为每个正在使用的文件开辟一个缓冲区。当内存向磁盘输出数据时,先将数据送到内存缓冲区,待缓冲区装满后,再一起送到磁盘文件保存;当从磁盘文件读入数据时,则一次从磁盘文件中将一批数据输入到内存缓冲区,然后再从缓冲区逐个将数据送到程序数据区。

2. 非缓冲文件系统

非缓冲文件系统是指系统在输入输出数据时不自动开辟内存缓冲区,而由用户根据所处理的数据量的大小在程序中设置数据缓冲区。

使用非缓冲文件系统提供的函数对文件进行处理的速度将高于缓冲文件系统,但非缓冲文件系统所提供的文件操作函数都依赖于所使用的操作系统。因此考虑到程序的可移植性,ANSI C标准只采用缓冲文件系统。本书将按照ASNI C标准介绍文件处理的相关知识。

10.2.3　文件类型指针

文件类型指针是"缓冲文件系统"的一个重要概念,实际上它是一个指向结构体类型的指针,这个结构体包含诸如缓存区的地址、对文件是否读或者写、是否出错、是否遇到文件的结束标志 eof 等。不必了解其中的细节,所有的一切都在头文件 stdio.h 中进行了定义。通常称上面定义的结构体类型名为 FILE,可以使用此类型名来定义文件指针。定义文件类型指针变量的一般形式为:

```
FILE * 文件变量名;
```

例如:

```
FILE * fp1,fp2;
```

fp1 和 fp2 均被定义为指向文件类型的指针变量,称为文件指针。

利用文件指针操作文件时要遵循一定的规则,在使用文件前应该首先打开文件,使用文件结束后应关闭文件。使用文件的一般步骤是,打开文件-操作文件-关闭文件。C语言对文件的相关操作都是借助系统提供的库函数实现的,为了使用这些函数,应在源程序的开头将 stdio.h 头文件包含进来。下面主要介绍这些函数的使用。

10.3 文件的打开与关闭

为了保护文件中的数据不被破坏,文件一般处于关闭的状态。当需要对文件读写时,要首先"打开"该文件,在使用结束后应当及时"关闭"该文件。

10.3.1 文件的打开

在对文件进行读写等操作之前,首先要打开文件,ANSI C 规定了标准输入输出函数库,用 fopen 函数来实现打开文件。fopen 函数调用的一般形式为:

```
FILE * 文件指针名;
文件指针名=fopen(文件名,文件操作方式);
```

该函数是一个指针函数,调用后返回所打开文件的指针(地址)。其中,"文件指针名"必须是被定义为 FILE 类型的指针变量;而"文件名"是被打开文件的文件名;"文件操作方式"是指文件的类型和操作要求,文件操作方式详见表 10-1。

例如:

```
FILE * fp;
fp=fopen("d:\\文件\\原文.txt","r");
```

第一条语句定义了一个 FILE 型文件指针 fp,第二条语句表示以只读(r 代表 read)方式打开"d:\\文件\\"目录上的文件"文件.txt",并使文件指针 fp 指向该文件。

> **说明:**
> (1) fopen 函数有两个参数"文件名"、"文件操作方式"。在实际使用时,这两个参数都需要加双引号。
> (2) fopen()函数中的参数"文件名",可以包含路径和文件名两部分。默认情况下会在工作空间目录下找文件,如果文件在其他盘,其路径必须使用两个斜杠"\\",这一点要特别注意(因为在 C 中,斜杠\是保留符号)。

表 10-1 文件的操作方式及含义

文件操作方式	含　义	文件不存在时	文件存在时
r	以只读方式打开一个文本文件	返回错误标志	打开文件
w	以只写方式打开一个文本文件	建立新文件	打开文件,原文内容清空
a	以追加方式打开一个文本文件	建立新文件	打开文件,只能向文件尾追加数据
r+	以读/写方式打开一个文本文件	返回错误标志	打开文件
w+	以读/写方式建立一个新的文本文件	建立新文件	打开文件,原文件内容清空

续表

文件操作方式	含　义	文件不存在时	文件存在时
a+	以只读方式打开一个文本文件	建立新文件	打开文件,可从文件中读取或往文件尾追加数据
rb	以只读方式打开一个二进制文件	返回错误标志	打开文件
wb	以只写方式打开一个二进制文件	建立新文件	打开文件,原文内容清空
ab	以追加方式打开一个二进制文件	建立新文件	打开文件,只能向文件尾追加数据
rb+	以读/写方式打开一个二进制文件	返回错误标志	打开文件
wb+	以读/写方式建立一个新的二进制文件	建立新文件	打开文件,原文件内容清空
ab+	以读/写方式打开一个二进制文件	建立新文件	打开文件,可从文件中读取或往文件尾追加数据

说明:

(1) 文件的操作方式由 r、w、a、+、t、b 这 6 个字符组成,各字符的含义如下:r(read)读,w(write)写,a(append)追加,+读和写,t(text)文本文件(可省略不写),b(binary)二进制文件。

(2) 打开文件操作不能正常执行时,fopen 函数返回一个空指针 NULL(其值为 0)表示出错。因此用 fopen 函数时,一般情况都要对函数返回值进行检查,以判断文件是否正常打开。

常用以下方法打开一个文件:

```
FILE * fp;
fp=fopen("文件名","文件操作方式")
if(fp==0)
{   printf("该文件无法打开\n");
    exit(0);
}
```

即先检查文件打开 fopen 函数的返回值,当返回值是 NULL 时,则在终端上输出"该文件无法打开";exit 函数的作用是关闭所有文件,终止正在执行的程序,待用户修改程序后再运行,exit 函数的定义在 process.h 头文件中。

10.3.2　文件的关闭

在程序中,文件处理完毕后必须要关闭,否则可能造成文件数据丢失等问题。在 C 语言中,关闭文件的操作是通过调用 fclose 库函数实现的。

fcloes 函数调用的一般形式为:

```
fclose(文件指针);
```

例如

```
fclose(fp);
```

该语句的功能是：关闭文件指针 fp 所指向的文件，让 fp 解除与所指向的文件的联系。另外，fclose 函数返回一个整型数，当顺利地执行了关闭操作后，则返回值为 0；若返回非 0 值，则表示有错误发生。

【**例 10-1**】　打开当前目录下一个文件"原文.txt"，若无法打开给出提示信息；若成功打开关闭它，并给出关闭成功与否的响应信息。

解析：本例中定义文件指针 * fp；整型变量 i，用于存放关闭文件函数的返回值；调用 fopen 函数打开文件；调用 fclose 关闭文件。

程序代码如下：

```
/*程序代码【例 10-1】*/
#include "stdio.h"
#include "process.h"
main()
{
    FILE * fp;                          //定义一个文件指针
    int i;
    fp=fopen("原文.txt", "r");          //在当前目录下打开"原文.txt"文件,只读
    if(fp==NULL)                        //判断文件是否打开成功
    {   printf("该文件无法打开\n");       //提示打开不成功
        exit(0);
    }
    i=fclose(fp);                       //关闭打开的文件
    if(i==0)                            //判断文件是否关闭成功
        printf("该文件已成功关闭\n");     //提示关闭成功
    else
        printf("该文件无法关闭\n");       //提示关闭不成功
}
```

运行结果如图 10-2 所示。

图 10-2　例 10-1 程序运行结果

10.4 文件的读写

当文件被成功打开后,下面就是对文件进行读写操作。C 语言中提供了不同类别的读写操作,常用的读写函数如下所述。

10.4.1 字符读写函数

1. fgetc(getc)函数

该函数定义在 stdio.h 头文件中,其功能是,从文件指针指向的文件中读取一个字符。其中,文件指针所指文件的打开方式必须是"r"或"r+"。

fgetc(getc)函数调用的一般形式为:

字符变量=fgetc(文件指针);

例如:

ch=fgetc(fp);

表示从 fp 所指的文件中读取一个字符,赋给字符变量 ch;fp 为 FILE 类型的文件指针变量,用来指向要读取的文件,它由 fopen 函数赋初值;若读取字符时文件已经结束或出错,将文件结束符 EOF 赋给 ch(EOF 的值为－1)。

2. fputc(putc)函数

该函数的功能是,把一个字符写入文件指针所指向的文件。其中,文件指针所指文件的打开方式必须是"w"、"w+"、"a"、"a+"。

fputc(putc)函数调用的一般形式为:

fputc(字符,文件指针);

例如:

fputc(ch,fp);

表示将字符(ch 的值)写入到 fp 所指向的文件中去。其中,ch 是要写入的字符(ch 既可以是一个字符常量,也可以是一个字符变量);fp 是文件指针变量;fputc 函数有一个返回值,若写入成功,则返回这个写入的字符,否则,返回 EOF。

【例 10-2】 从键盘输入若干个字符,逐个把它们写到工作空间目录下的文件"原文.txt"中去,直到输入回车符"\n"为止,然后再输出这些字符。

解析:本例中定义文件指针 * fp;字符型变量 ch,用于逐个存放写入与取出的字符;调用 fopen 函数打开文件;调用 fclose 函数关闭文件;调用 fputc 函数实现把字符写入文件;调用 fgetc 函数实现从文件读取字符。

程序代码如下:

/ * 程序代码【例 10-2】* /

```c
#include "stdio.h"
#include "process.h"
main()
{
    FILE * fp;                              //定义一个文件指针
    char ch;
    fp=fopen("原文.txt", "w");              //以写的方式打开文件
    if(fp==NULL)
    {   printf("该文件无法打开\n");
        exit(0);
    }
    ch=getchar();                           //向文件中写入第一个字符
    while(ch!='\n')                         //向文件写字符,以回车符结束
    {   fputc(ch,fp);
        ch=getchar();
    }
    fclose(fp);                             //关闭文件
    /* 以下程序为读取文件 */
    fp=fopen("原文.txt", "r");              //以读的方式打开文件
    if(fp==NULL)
    {   printf("该文件无法打开\n");
        exit(0);
    }
    ch=fgetc(fp);                           //从文件中读取第一个字符
    while(ch!=EOF)
    {   putchar(ch);                        //将从文件中读取的字符显示在屏幕上
        ch=fgetc(fp);                       //从文件中逐个读取字符
    }
    printf("\n");
    fclose(fp);                             //关闭文件
}
```

运行结果如图 10-3 所示。

图 10-3 例 10-2 程序运行结果

10.4.2 字符串读写函数

1. fgets 函数

该函数的功能是,从文件指针所指向的文件中读取 n−1 个字符,存放在字符数组中,

并在读取的最后一个字符后加字符串结束标志"\0"。若 n−1 个字符读入完成前遇到换行符"\n"或文件结束符 EOF,则该函数结束。

该函数有返回值,正常时返回字符数组的首地址;出错或读到文件尾时,返回 NULL。

fgets 函数调用的一般形式为:

fgets(字符数组名,n,文件指针);

例如:

fgets(str,n,fp);

表示从 fp 所指向的文件中读取 n−1 个字符,并送入字符数组 str 中。

> 说明:fgets 函数读取的字符个数不会超过 n−1,因为字符串尾部自动追加"\0"字符。

2. fputs 函数

该函数的功能是,把一个字符串写到文件指针所指的磁盘文件中。

该函数有返回值,正常时返回写入的最后一个字符,出错时返回 EOF。

fputs 函数调用的一般形式为:

fputs(字符串,文件指针);

例如

fputc("shanghai China",fp);

其中 fp 为文件指针,表示把字符串"shanghai China"写到 fp 所指向的文件中去。

【例 10-3】 向工作空间目录下的文件"原文.txt"中追加一个字符串,然后输出文件前 100 个字符的内容。

解析:本例中定义文件指针 * fp;字符数组 str1[20]、str2[100]分别用于存储输入的字符串和输出的字符串;调用 fopen 函数打开文件;调用 fclose 函数关闭文件;调用 fputs 函数实现把字符串写入文件;调用 fgets 函数实现从文件读取字符串。

程序代码如下:

```
/*程序代码【例 10-3】*/
#include "stdio.h"
#include "process.h"
main()
{
    FILE * fp;                      //定义一个文件指针
    char str1[20],str2[100];
    fp=fopen("原文.txt", "a+");      //以追加/读取方式打开文件
    if(fp==NULL)
```

```
        {   printf("该文件无法打开\n");
            exit(0);
        }
    printf("请输入一个字符串:");
    scanf("%s",str1);                    //从键盘上输入一个字符串放在 str1 数组中
    fputs(str1,fp);                      //将 str 数组中字符串写入 fp 所指向的文件
    rewind(fp);                          //文件定位函数,使 fp 指针重新定位到文件头
    printf(""原文.txt"文件中数据有:");
    fgets(str2,100,fp);
                        //从 fp 所指向的文件中读出前 100 个字符,送入内存 str2 数组中
    printf("%s\n",str2);
    fclose(fp);
}
```

运行结果如图 10-4 所示。

图 10-4　例 10-3 程序运行结果

10.5　文件的定位与检测

10.5.1　文件定位函数

前面介绍的对文件的读、写方式都是顺序读写方式,即对文件的读写只能从头开始,顺序读写各个数据,每读写完一个数据后,文件的位置指针自动指向下一个位置。在实际问题中,常常要求只读写文件的某一个指定位置。为了解决这个问题,可移动文件位置指针到所需要的读写位置,再进行读写,这种读写称为随机读写。

实现随机读写的关键是按要求移动位置指针,称为"文件的定位"。常用的文件定位函数如下所述。

1. rewind 函数

该函数又称"返绕"函数,其功能是,使文件位置指针重新返回文件的开头,对文件可以重新进行读写操作。此函数没有返回值。

rewind 函数调用的一般形式为:

rewind(文件指针);

例如：

```
rewind(fp);
```

其中，fp 为文件指针，表示将 fp 所指向的文件的位置指针移到文件的开头。

2. feof 函数

前面讲过，程序从一个磁盘文件中逐个读取字符并输出到屏幕上显示，是以 EOF(值为−1)作为文件结束标志的。这个 EOF 作为文件结束标志的文件，必须是文本文件。在文本文件中，数据都是以字符的 ASCII 码值的形式存放的，我们知道，ASCII 码的范围是 0～255，不可能出现−1，因此可以用 EOF 作为文件结束标志。

当把数据以二进制形式存放到文件中时，会有−1 值的出现，此时不能采用 EOF 作为二进制文件的结束标志。为解决这个问题，ANSI C 提供了 feof 函数，用来判断文件是否结束。如遇到文件结束，函数 feof(fp)返回的值为 1，否则为 0。feof 函数既可用来判断二进制文件是否结束，也可以用来判断文本文件是否结束。

feof 函数调用的一般形式为：

```
feof(文件指针);
```

【例 10-4】 编写程序，用于把一个文件(源文件)复制到另一个文件(目标文件)中。

解析：

(1) 设源文件名为"file1.txt"，目标文件名为"file2.txt"，文件均存放在工作空间目录下。

(2) 本例定义文件指针 * fp1、* fp2 分别指向"file1.txt"、"file2.txt"；调用 fopen 函数打开文件；调用 fclose 函数关闭文件；调用 fputc 函数实现把字符写入文件；调用 fgetc 函数实现从文件读取字符；调用 rewind()函数实现文件的定位。

程序代码如下：

```
/*程序代码【例10-4】*/
#include "stdio.h"
void main()
{    FILE * fp1, * fp2;
    char ch;
    fp1=fopen("file1.txt","r");          //以只读方式打开文件 file1.txt
    fp2=fopen("file2.txt","w");          //以写方式打开文件 file2.txt
    ch=fgetc(fp1);                       //先读取文件中一个字符
    while(!feof(fp1))                    //调用 feof 函数判断文件是否结束
    {  fputc(ch,fp2); ch=fgetc(fp1);    //逐个字符进行复制
    printf("恭喜您,文件复制成功!\n");
    fclose(fp1);
    fclose(fp2);
}
```

运行结果如图 10-5 所示。

3. fseek 函数

该函数功能是，用来移动文件位置指针到指定的位置上，接下来的读和写操作将从此位置开始。

图 10-5　例 10-4 程序运行结果

fseek 函数调用的一般形式为：

fseek(文件指针,位移量,起始点);

例如：

```
fseek(fp,64L,0);              /*表示从文件头向后移动 64 个字节。*/
fseek(fp,-16L,2);             /*表示从文件尾向前移动 16 个字节。*/
```

说明：

（1）"起始点"指移动位置的基准点，用数字或符号常量代表：0 或 SEEK_SET 代表文件开始；1 或 SEEK_CUR 代表文件当前位置；2 或 SEEK_END 代表文件末尾。

（2）"位移量"是指以"起始点"为基准，前后移动的字节数。位移量为正值时，向文件末尾方向移动；位移量为负值时，向文件开始方向移动。ANSI C 标准规定位移量为 long 型常量，所以位移量数字的末尾要加一个字母 L。

4. ftell 函数

该函数用以获得文件当前位置指针的位置，函数给出当前位置指针相对于文件开头的字节数。该函数返回值：运行成功后返回文件的当前读写位置，出错时返回-1L。

ftell 函数调用的一般形式为：

ftell(文件指针);

例如：

```
long n;
n=ftell(fp);
```

其中，fp 为文件指针，表示文件指针 fp 当前位置相对于所指向的文件开头的字节数。

10.5.2　文件出错检测函数

前面介绍的文件读写函数，均不能直接反映函数是否正确地执行，因此 C 语言提供了一些专用的函数来对文件读写过程中出错情况进行检测。

1. ferror 函数

该函数功能是，检测文件指针所指的文件在用各种输入输出函数进行读写时是否出错。如未出错返回值为 0，否则返回一个非 0 值。

ferror 函数调用的一般形式为：

```
ferror(文件指针);
```

例如：

```
ferror(fp);
```

其中，fp 为文件指针，表示检测文件指针 fp 所指的文件在用各种输入输出函数进行读写时是否出错。

2. clearerr 函数

该函数功能是，清除文件指针所指的文件中的出错标记以及文件的结束标记，使文件的错误标记和文件结束标志置为 0。

在用 feof 函数和 ferror 函数检测文件结束或出错时，遇到文件结束或出错，两个函数的返回值均为非 0 值，且一直保留，直到对同一文件指针调用 clearerr 函数，清除错误标记和文件结束标志，使它们的值为 0。

在 C 语言中，文件的内容很重要，许多可供实际使用的 C 程序都包含文件处理。本项目仅简单介绍最基本的、常用的文件操作，由于篇幅所限，不再列举复杂的例子。读者可查阅相关书籍学习掌握，并在实践中掌握文件的使用。

10.6　回到场景

通过对 10.2～10.5 节的学习，读者应该掌握了文件指针定义及使用方式，掌握了 C 语言中文件的使用方法与步骤（打开文件-操作文件-关闭文件），对于文件也有了清晰的认识。学好了这些内容后，对于完成本项目开始部分中的工作场景内容，就比较容易了。

解析：

（1）设定学生申请的原文件为"申请.txt"，老师复制得到的文件为"回复.txt"，文件均存放在工作空间目录下。

（2）本项目场景中定义文件指针 * fp、* tp 分别指向"申请.txt"、"回复.txt"；字符数组 str1[50]、str2[100] 分别用于存储输入的字符串和输出的字符串；调用 fopen 函数打开文件；调用 fclose 函数关闭文件；调用 fputs 函数实现把字符串写入文件；调用 fgets 函数实现从文件读取字符串；调用 rewind() 函数实现文件的定位。

（3）项目场景实现过程：①以只读的方式打开文件"申请.txt"；同时以只写的方式新建并打开"回复.txt"。②使用 fputc 函数和 fgetc 函数，把文件"申请.txt"的内容复制到文件"回复.txt"中，并关闭"回复.txt"文件。③以追加/读取方式重新打开文件"回复.txt"，调用 fputs 函数实现从键盘上输入老师对学生申请的回复，并把回复内容追加到"回复.txt"文件中。④调用 fgets 函数输出"回复.txt"文件中的所有内容。

程序代码如下：

```
/* 程序代码【第 10 章场景】*/
 #include "stdio.h"
```

```
main()
{
    FILE * fp, * tp;
    char str1[50],str2[100];
    fp=fopen("申请.txt", "r");            //fp 指向文件"申请.txt",并以读方式打开文件
    tp=fopen("回复.txt", "w");            //tp 指向文件"回复.txt",并以写方式打开文件
    while(!feof(fp))
    {  fputc(fgetc(fp),tp);  }            //把"申请"文件的内容复制到"回复"文件中
    fclose(tp);                          //关闭 tp 所指向的文件"回复.txt"
    tp=fopen("回复.txt", "a+");
                                         //tp 指向文件"回复.txt",并以追加/读取方式重新打开文件
    printf("学生申请:");
    fgets(str2,100,tp);
    printf("%s\n",str2);                 //输出学生申请原文
    printf("教师回复:");
    scanf("%s",str1);                    //从键盘上输入老师对学生申请的回复
    fputs(str1,tp);                      //将老师的回复,追加到"回复"文件中
    rewind(tp);                          //文件定位函数,使 tp 指针重新定位到文件头
    printf("学生申请及教师回复:");
    fgets(str2,100,tp);
    printf("%s\n",str2);                 //输出学生申请和老师回复的全部内容
    fclose(fp);
    fclose(tp);
}
```

运行结果如图 10-6 所示。

图 10-6　项目场景程序的运行结果

10.7　拓展训练

一、选择题

1. 以下叙述中正确的是(　　)。

    A. C 语言中文件是流式文件,因此只能顺序存取数据

    B. 打开一个已经存在的文件并进行了写操作,原文件中的全部数据必定被覆盖

    C. 在对文件进行了写操作后,必须先关闭该文件然后再打开,才能读到第一个
       数据

　　D. 当对文件的读写操作完成后,必须将它关闭,否则可能导致数据丢失

　　2. "文件"是指存储在外存储介质上的数据的集合,(　　　)函数可以实现文件的打开。

　　　　A. fopen　　　　　　B. fwrite　　　　　　C. fclose　　　　　　D. fread

　　3. 在执行 fclose 函数时,若执行不成功,则函数的返回值是(　　　)。

　　　　A. FALSE　　　　　　B. 非 0　　　　　　C. 0　　　　　　D. NULL

　　4. "文件"是指存储在外存储介质上的数据的集合,(　　　)函数可以一批数据一次写入磁盘文件。

　　　　A. fclose　　　　　　B. fopen　　　　　　C. fwrite　　　　　　D. fread

　　5. 设 fp 为指向某二进制文件的指针,且已读到此文件末尾,则函数 feof(fp)的返回值为(　　　)。

　　　　A. EOF　　　　　　B. 非 0 值(值为 1)　C. 0　　　　　　D. NULL

　　6. 若调用 fputc 函数将一个字符写入文件成功后,则其返回值是(　　　)。

　　　　A. EOF　　　　　　　　　　　　B. 1

　　　　C. 0　　　　　　　　　　　　　D. 这个写入的字符

　　7. 下列叙述中错误的是(　　　)。

　　　　A. 在 C 语言中,对二进制文件的访问速度比文本文件快

　　　　B. 在 C 语言中,随机文件以二进制代码形式存储数据

　　　　C. 语句 FILE fp;定义了一个名为 fp 的文件指针

　　　　D. C 语言中的文本文件是以 ASCII 码的形式存储数据

　　8. 标准库函数 fgets(s,n,f)的功能是(　　　)。

　　　　A. 在文件 f 中读取长度为 n 的字符串存入指针 s 所指的内存

　　　　B. 从文件 f 中读取长度不超过 n−1 的字符串存入指针 s 所指的内存

　　　　C. 从文件 f 中读取 n 个字符串存入指针 s 所指的内存

　　　　D. 从文件 f 中读取长度为 n−1 的字符串存入指针 s 所指的内存

　　9. 读取二进制文件的函数调用形式为:fread(buffer,size,count,fp);,其中 buffer 代表的是(　　　)。

　　　　A. 一个文件指针,指向待读取的文件

　　　　B. 一个整型变量,代表待读取的数据的字节数

　　　　C. 一个内存块的首地址,代表读入数据存放的地址

　　　　D. 一个内存块的字节数

　　10. 以下与函数 fseek(fp,0L,SEEK_SET)有相同作用的是(　　　)。

　　　　A. feof(fp)　　　B. rewind(fp)　　　C. ftell(fp)　　　D. fgetc(fp)

二、填空题

1. 设有定义:FILE * fw;,请将以下打开文件的语句补充完整,以便可以向文本 readme.txt 的最后续写内容。

```
fw=fopen("readme.txt","_____");
```

2. 若文本文件 f1.txt 中原有内容为：good，有以下程序：

```
#include "stdio.h"
main()
{   FILE * fp1;
    fp1=fopen("f1.txt", "w");
    fprintf("fp1","abc");
    fclose(fp1);
}
```

则运行以上程序，文件 f1.txt 中的内容为_____。

3. 将文件 f1.dat 中的内容复制到文件 f2.dat 中。

```
#include <stdio.h>
main()
{   FILE * fp1, * fp2;
    char c;
    if((fp1=fopen("f1.dat",____(1)____)==NULL)
    {   printf("connot open\n"); exit(0);   }
    if((fp2=fopen("f2.dat",____(2)____)==NULL)
    {   printf("connot open\n"); exit(0);   }
    c=fgetc(fp1);
    while(____(3)____)
    {   fputc(c,fp2);c=fgetc(fp1);   }
    ____(4)____
}
```

4. 以下程序用来统计文件中字符的个数，请填空。

```
#include <stdio.h>
main()
{   FILE * fp;
    long num=0
    (fp=fopen("fname.dat",____(1)____)==NULL)
      while(____(2)____)
      {____(3)____; num++;}
    printf("num=%ld\n",num);
    fclose(fp);
}
```

三、编程题

1. 把一个已经存在磁盘上的文件"阅读.txt"中的内容原样输出到终端屏幕上。

2. 编写程序实现，将"原文.txt"文件中的内容复制到"备份.txt"中。

3. 从键盘上输入一个字符串，将它输出到一个文本文件"file.txt"中，然后从该文本文件中读取字符串并输出到屏幕（要求使用 fgets 函数和 fputs 函数实现）。

4. 现有一份英文文件"资料.txt"由于全是大写字母书写的资料,看起来比较吃力,试编程实现将该文章转换为小写字母。

10.8 知 识 链 接

10.8.1 文件类型指针的定义

文件类型指针是一个指向结构体类型的指针变量,该结构体指针变量的数据类型由系统事先定义在头文件 stdio.h 中,名为 FILE,其具体形式为:

```
typedef struct
{    int _fd                       /*当前文件的读写位置*/
     int _cleft;                   /*文件缓冲区中剩余的字节数*/
     int _mode;                    /*文件操作模式*/
     char * _nextc;                /*用于文件读写的下一个字符位置(指针)*/
     char * _buff;                 /*文件缓冲区位置(指针)*/
     …
}FILE;
```

这里,FILE 为所定义的结构体类型名。该结构体类型在打开文件时由操作系统自动建立,因此用户使用文件时,无须重复定义。但是在 C 程序中,凡是要对已打开的文件进行操作,都要借助于该结构体类型的指针变量实现,因此,在程序中就需要定义 FILE 型(文件类型)的指针变量,简称文件类型指针或文件指针。

文件类型指针变量定义的一般格式为:

```
FILE * 文件类型指针变量名;
```

例如:

```
FILE * P;
```

表示 p 被定义为文件类型的指针变量,借助 p 可以指向某一文件。

因为 FILE 类型的定义放在 stdio.h 头文件中,因此使用时要用 ♯include "stdio.h" 命令包含这个头文件。一个文件指针变量用来操作一个文件,如果在程序中需要同时处理多个文件,则需要定义多个 FILE 型指针变量,使它们分别指向多个不同的文件。

10.8.2 数据块读写函数

在编程时经常需要读写由各种类型数据组成的数据块,此时可以用 fread 和 fwrite 函数来实现数据块的读写。

1. fread 函数

fread 函数调用的格式为:

```
fread(buf,size,n,fp);
```

其中,buf 是一个指针,用来指向数据块在内存的首地址;size 表示要读取的每个数据项的字节数;n 是要读取的数据项的个数;fp 为文件指针。

该函数的功能是,从文件指针所指的文件中读取 n 个数据项,每个数据项为 size 字节,将它们读到 buf 所指向的内存缓存区中。

该函数有返回值,操作成功,返回实际读入的数据项的个数;不成功,则返回 0。

2. fwrite 函数

fwrite 函数调用的格式为:

```
fwrite(buf,size,n,fp);
```

其中,buf 是一个指针,用来指向数据块在内存的首地址;size 表示一个数据项的字节数;n 是要读取的数据项的个数;fp 为文件指针。

该函数的功能是,将 buf 所指向的缓冲区或数组内的 n 个数据项(每个数据项有 size 字节)写到 fp 所指向的文件中。

该函数有返回值,操作成功,返回实际写入的数据项的个数;不成功,则返回 0。另外,由于 fread 函数和 fwrite 函数实际上是以二进制处理数据的,所以在程序中相应的文件应以"b"方式打开。

10.8.3 格式化读写函数

fprintf 函数、fscanf 函数与 printf 函数、scanf 函数作用类似,都是格式化读写函数。只有一点不同,printf 函数、fscanf 函数的读写对象不是终端而是磁盘文件。它们的一般调用方式为:

```
fprintf(文件指针,格式字符串,输出项列表);
fscanf(文件指针,格式字符串,输入项列表);
```

例如:

```
fprintf(fp,"%d",a)
```

它的作用是将整型变量 a 的值按%d 的格式输出到 fp 指向的文件上。

同样,用 fscanf 函数可以从磁盘文件上读入 ASCII 字符,格式如下:

```
fscanf(fp,"%d",&b)
```

若输入 8,表示将磁盘文件(普通文件)中的数据 8 送给变量 b。

用 fprintf 函数和 fscanf 函数对磁盘文件(普通文件)读写,使用方便,容易理解,但由于在输入时要将 ASCII 码转换为二进制形式,在输出时又要将二进制形式转换成字符,花费时间比较多。因此,在内存与磁盘频繁交换数据的情况下,最好不用 fprintf 函数和 fscanf 函数,而用 fread 函数和 fwrite 函数。

C 语言中,为用户提供了大量的文件处理函数,在此仅将基本的、常用的做简单的介绍,其他的函数读者可参阅相关书籍学习掌握,在这里不做详细介绍了。

第 11 章 课 程 实 训

实训目的：

（1）巩固和强化学生的程序设计基本知识和基本技能，尤其是 C 语言的结构体、指针、文件和图形编程等方面的基本知识和技能。

（2）培养和训练学生综合利用所学基本知识和基本技能进行小型应用程序开发的技能。

（3）培养学生适应岗位需要，独立分析问题、解决问题的基本能力。

实训要求：

1．素质要求

（1）以积极认真的态度对待本次实训，遵章守纪，团结协作。

（2）善于发现问题、分析问题、解决问题，努力培养自己的独立工作能力。

2．知识要求

（1）熟练掌握 VC++ 集成开发环境的使用。

（2）熟练掌握 C 语言常用数据结构、常用算法、文件系统和图形编程。

3．能力要求

（1）学生应具有一定的项目分析能力、任务分解能力、组织实施能力。

（2）学生应能通过运用文件系统了解应用程序中常用的数据组织形式，为学习其他开发工具积累知识。

（3）学生应具有一定的查阅教材、各类相关资料及工具书的能力，进而养成自我学习的习惯。

实训内容：

设计一个员工信息管理系统，具体功能如下。

（1）C 语言结构体类型数据的应用，员工信息录入。

（2）常用算法的运用，按员工工号进行排序。

（3）C 语言文件系统的使用，将排好顺序的员工信息写入文本文件。

（4）按照固定格式将文件中的员工信息读出并正确回显。

（5）从员工记录中查找出相应员工，并显示供用户查看。

（6）从员工记录中查找出相应员工，对其信息进行更新。

（7）从员工记录中查找出相应员工，将其删除。

11.1　项目案例

用C语言为昆山环科计算机有限公司设计一个简易的员工信息管理系统。

1. 需求分析

员工是公司的主要资源,其信息量非常庞大。对这些数量巨大的数据,需要一个专门的系统来进行管理和操作,所以此系统至少需要具备的基本功能包括以下几个。

1) 从文件中导入数据

每个员工信息包括工号、姓名、性别、年龄、业绩得分。员工信息数据采用结构体类型,详细结构体类型定义请见11.3节。假设现有员工信息文件 student. dat,通过此项功能可将其内容读出并显示出来。在本模块中实现从外部文件中导入员工信息,由于是采用文件方式实现的,所以内容可以长期保存,避免每次运行都要现场输入数据,这样才能实现管理(当然更好的方式是数据库)。

2) 按工号显示信息

对导入的员工数据按工号升序排序,并依次显示出来。在这一个模块中关键是对数组的排序,本例采用选择法排序。对于结构体的交换,可以定一个中间结构变量,然后直接交换。

3) 添加员工信息

将用户输入的数据插入到记录数组中去,并修改当前员工总数。此项功能支持用户连续输入。对于输入只要输入结构体的每一个成员数据即可,一次输入完成之后将员工总数加1。对于循环输入,可以采用一个循环来完成,直到用户回答否为止,询问用户采用的是 getchar()函数,不过特别注意的是由于 C 采用读输入缓冲区的,所以应再加一个getchar()将上次输入结束符'\n'读出,这样才能正确接受用户的操作指令。

4) 删除员工信息

根据用户输入的工号,查找相应的记录,若没有找到则给出相应提示信息,若找到则将其删除。在本模块中主要是查找功能的实现,查找是通过字符串比较函数 strcmp()逐个比较,若相同则跳出;若到循环结束也没有发现则认为没有找到给出相应的提示信息。删除操作实际上是将当前记录后面的记录依次前移,并将有效员工总数减1。

5) 更新员工信息

根据用户输入的工号,对员工记录进行更新。值得注意的是,工号是不能修改的。

6) 按工号查询信息

根据用户输入的员工工号,查找相应记录,若找到将数据显示以便用户查看,若没有找到则给出相应提示信息。

7) 写入文件

将内存中记录写入到二进制文件中去,同时在文件的开头写入员工记录的总数。以二进制追加的方式打开 student. dat 文件,用 fwrite()函数实现写数据。

8）退出系统

2．系统设计与实现

（1）系统功能模块及模块间的调用关系如图 11-1 所示。

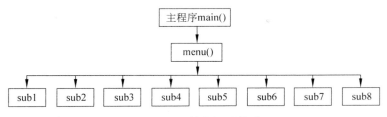

图 11-1　函数的调用关系

（2）各功能模块的具体代码。

程序中需要的全局量：

```
#include <stdio.h>
#include <string.h>
#include <stdlib.h>
int rec_num=0;                              /* 员工信息记录数 */
struct student
{
    char id[10];                            /* 工号 */
    char name[10];                          /* 姓名 */
    char sex[2];                            /* 性别 */
    int age;                                /* 年龄 */
    int score;                              /* 业绩得分 */
}stu[50];                                   /* 员工信息结构 */
```

系统入口：

```
main()
{
    menu();                                 /* 调用 menu()函数 */
}
```

系统主界面：

```
menu()
{
    char c;
    system("cls");                          /* 清屏 */
    printf("\n\n\n");
    printf("\t\t\t    欢迎使用员工信息管理系统 \n\n");
    printf("\t********************************************************** \n\n\n");
    printf("\t *     1．从文件中导入数据        5．更新员工信息      * \n\n\n");
    printf("\t *     2．按工号显示信息          6．按工号查询信息    * \n\n\n");
```

```
    printf("\t *         3.添加员工信息          7.写入文件          * \n\n\n");
    printf("\t *         4.删除员工信息          8.退出系统          * \n\n\n");
    printf("\t********************************************************* \n\n");
    printf("请输入你要执行的命令:");
    while(c=getchar())
    switch(c)
    {
        case '1':sub1();break;
        case '2':sub2();break;
        case '3':sub3();break;
        case '4':sub4();break;
        case '5':sub5();break;
        case '6':sub6();break;
        case '7':sub7();break;
        case '8':sub8();break;
    }
}
```

导入数据:

```
sub1()
{
    FILE * fp;
    int i;
    system("cls");
    fp=fopen("student.dat","r+");
    if(fp==NULL)printf("文件不能打开!!\n");
    fread(&rec_num,2,1,fp);
    fread(stu,sizeof(struct student),rec_num,fp);
    fclose(fp);
    printf("从文件中导入数据成功!!\n\n");
    printf("工号\t姓名\t性别\t年龄\t业绩得分\n\n");
    for(i=0;i<rec_num;i++)
        printf("%s\t%s\t%s\t%d\t%d\n",stu[i].id,stu[i].name,stu[i].sex,stu[i].
age,stu[i].score);
    printf("\nPRESS ANY KEY RETURN...");
    getch();
    menu();
}
```

显示信息:

```
sub2()
{
    int i,j,k;
    struct student tempstu;
```

```c
    system("cls");
    for(i=0;i<rec_num-1;i++)
        for(j=i+1;j<rec_num;j++)
        {
            if(strcmp(stu[i].id,stu[j].id)>0)
            {   tempstu=stu[i];stu[i]=stu[j];stu[j]=tempstu;   }
        }
    printf("按工号显示信息如下\n\n");
    printf("工号\t姓名\t性别\t年龄\t业绩得分\n\n");
    for(i=0;i<rec_num;i++)
        printf("%s\t%s\t%s\t%d\t%d\n",stu[i].id,stu[i].name,stu[i].sex,stu[i].
        age,stu[i].score);
    printf("\nPRESS ANY KEY RETURN...");
    getch();
    menu();
}
```

添加信息：

```c
sub3()
{
    char answer;
    system("cls");
    printf("当前文件中有%d条记录!\n\n",rec_num);
    printf("请输入员工信息:\n");
    do
    {
        printf("\n工号\t姓名\t性别\t年龄\t业绩得分\n");
        scanf("%s",stu[rec_num].id);
        scanf("%s",stu[rec_num].name);
        scanf("%s",stu[rec_num].sex);
        scanf("%d",&stu[rec_num].age);
        scanf("%d",&stu[rec_num].score);
        rec_num++;
        getchar();
        printf("\n你想继续输入信息吗？(Y/N):");
        answer=getchar();
    }while((answer=='Y')||(answer=='y'));
    printf("\nPRESS ANY KEY RETURN......");
    getch();
    menu();
}
```

删除信息：

```c
sub4()
```

```
{
    char del_id[10];
    int i,j;
    system("cls");
    printf("请输入要删除的员工的工号:");
    scanf("%s",del_id);
    for(i=0;i<rec_num;i++)
    {
        if(strcmp(stu[i].id,del_id)==0)break;
    }
    if(i==rec_num)
        printf("此员工不存在!\n");
    if(i<rec_num)
    {
        for(j=i+1;j<rec_num;j++)
            stu[j-1]=stu[j];
        printf("删除记录成功!!!\n");
        rec_num--;
    }
    printf("\nPRESS ANY KEY RETURN.......");
    getch();
    menu();
}
```

修改信息：

```
sub5()
{
    int i;
    char upda_id[10];
    system("cls");
    printf("请输入要修改信息的员工的工号:");
    scanf("%s",upda_id);
    for(i=0;i<rec_num;i++)
    {
        if(strcmp(stu[i].id,upda_id)==0)break;
    }
    if(i==rec_num)
        printf("此员工不存在\n");
    if(i<rec_num)
    {
        printf("\n修改前:\n\n");
        printf("%s\t%s\t%s\t%d\t%d\n",stu[i].id,stu[i].name,stu[i].sex,stu[i].age,
        stu[i].score);
        printf("\n请输入修改后的信息:\n\n");
```

```
    printf("工号\t 姓名\t 性别\t 年龄\t 业绩得分\n");
    printf("%s\t",upda_id);
    scanf("%s",stu[i].name);
    scanf("%s",stu[i].sex);
    scanf("%d",&stu[i].age);
    scanf("%d",&stu[i].score);
    printf("\n 修改记录成功!!\n");
}

    printf("\nPRESS ANY KEY RETURN...");
    getch();
    menu();
}
```

查询信息：

```
sub6()
{
    int i;
    char search_id[10];
    system("cls");
    printf("请输入要查询的员工的工号:");
    scanf("%s",search_id);
    for(i=0;i<rec_num;i++)
{
    if(strcmp(stu[i].id,search_id)==0)break;
}
if(i==rec_num)
    printf("\n 此员工不存在!\n\n");
if(i<rec_num)
{
    printf("您要查询的信息为:\n\n");
    printf("%s\t%s\t%s\t%d\t%d\n",stu[i].id,stu[i].name,stu[i].sex,stu[i].age,
    stu[i].score);
}
    printf("\nPRESS ANY KEY RETURN.......");
    getch();
    menu();
}
```

写入文件：

```
sub7()
{
    FILE * fp;
    system("cls");
    printf("                写入到文件\n\n");
```

```
fp=fopen("student.dat","a+");
if(fp==NULL)
    printf("文件不能打开!!\n");
fwrite(&rec_num,2,1,fp);
fwrite(stu,sizeof(struct student),rec_num,fp);
fclose(fp);
printf("写入文件成功!!\n\n");
printf("\nPRESS ANY KEY RETURN.......");
getch();
menu();
}
```

退出系统：

```
sub8()
{
    exit(0);
}
```

各个功能模块代码编写完成后,应该进行单元测试(模块测试),然后再进行系统测试,否则无法确切地得知具体是哪一个模块出现问题。对于单元测试读者自己可以构造一些输入数据,测试是否达到了最终的期望结果。

3. 系统测试

上述功能模块测试完成后,可进行系统集成测试。运行时显示系统的主界面如图 11-2 所示。

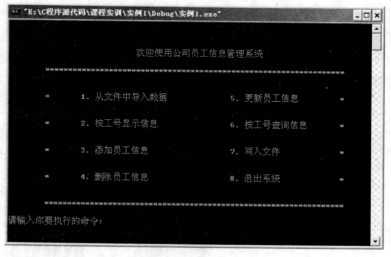

图 11-2　系统主界面

在光标所在位置处输入数字"1",则把外部文件 student. dat 中的内容读出并显示出来,如图 11-3 所示。

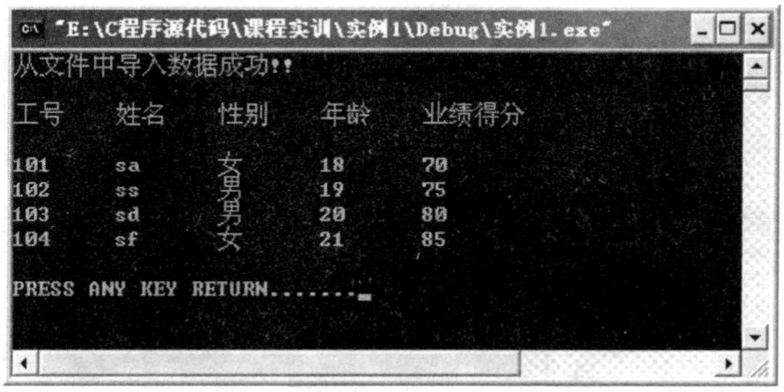

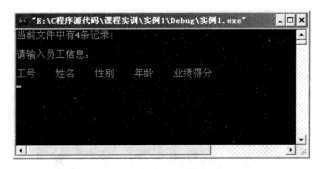

图 11-3 从外部文件导入数据

在图 11-3 中按任意键将返回到系统主界面。此时,输入数字"2",则将导入的数据按工号升序排序并显示出来,如图 11-4 所示。

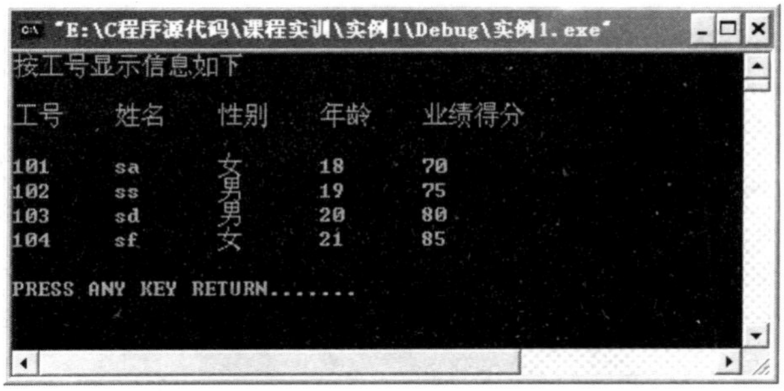

图 11-4 显示员工信息

按任意键返回到主界面后,输入数字"3",则将当前的记录数显示出来,并在光标处等待用户输入新的信息,如图 11-5 所示。

图 11-5 添加员工信息(1)

输入一条记录后回车,则出现提示信息"你想继续输入信息吗？＜Y/N＞：",输入"y"则出现新的输入行,继续输入;输入"n"后,按任意键可返回到主界面,如图 11-6 所示。

在主界面的光标处输入数字"4",则出现如图 11-7 所示的提示信息。

在图 11-7 的光标处输入要删除的员工的工号,如"106",回车后,则显示"删除记录成功!!!",如图 11-8 所示。

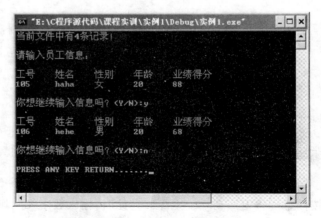

图 11-6　添加员工信息(2)

图 11-7　删除员工信息(1)

图 11-8　删除员工信息(2)

按任意键返回到主界面。输入数字"5",则提示"请输入要修改信息的员工的工号:",此时输入工号(如 105)后回车,则按当前记录显示出来供用户查看,并在下方等待用户输入要修改的信息,如图 11-9 所示。

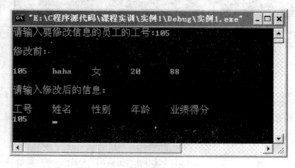

图 11-9　修改员工信息(1)

在光标处输入要修改的信息后,回车,则出现如图 11-10 所示的提示信息。

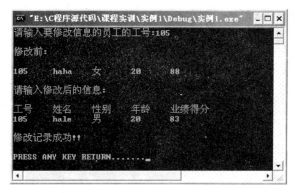

图 11-10 修改员工信息(2)

按任意键返回到主界面。输入数字"6",则提示"请输入要查询的员工的工号:",此时输入工号(如 103)后回车,则将要查询的记录显示出来,如图 11-11 所示。

图 11-11 查询员工信息

按任意键返回到主界面。输入数字"7",则显示"写入文件成功!!",如图 11-12 所示。

图 11-12 写入文件

按任意键返回到主界面。输入数字"8",则退出系统。

11.2 拓 展 训 练

请读者参照上述设计过程设计一个图书管理系统。

本图书管理系统主要包括管理图书的库存信息、每一本书的借阅信息以及每一个人的借书信息。每一种图书的库存信息包括编号、书名、作者、出版社、出版日期、金额、类别、总入库数量、当前库存量、已借出本数等。每一本被借阅的书都包括如下信息：编号、书名、金额、借书证号、借书日期、到期日期、罚款金额等。每一个人的借书信息包括借书证号、姓名、班级、学号等。系统功能包括以下几个方面。

1. 借阅资料管理

要求把书籍、期刊、报刊分类管理,这样操作会更加灵活方便,可以随时对其相关资料进行添加、删除、修改、查询等操作。

2. 借阅管理

1) 借出操作

2) 还书操作

3) 续借处理

提示：以上处理需要互相配合,并能完成赔、罚款金额的编辑等操作,能完成图书借还业务的各种登记。

例如,读者还书时不仅更新图书的库存信息,还应该自动计算该书应罚款金额,并显示该读者所有至当日内到期未还书的信息。

3. 读者管理

读者等级：对借阅读者进行分类处理,例如可分为教师和学生两类。并定义每类读者的可借书数量和相关的借阅时间等信息。

读者管理：对读者信息可以录入,并且可对读者进行挂失或注销、查询等服务的作业。

4. 统计分析

随时可以进行统计分析,以便及时了解当前的借阅情况和相关的资料状态,包括借阅排行榜、资料状态统计和借阅统计,显示所有至当日内到期未还书信息等功能分析。

5. 系统参数设置

可以设置相关的罚款金额、最多借阅天数等系统服务器参数。

11.3　知　识　链　接

1. 结构体类型概念

C语言中预定义的数据类型只能描述简单类型的数据。在实际应用中,经常要把许多不同类型的数据作为一个整体来处理。

例如,描述一个学生的信息包括学号、姓名、性别、年龄、成绩等。如果将这些信息用彼此独立的变量来描述,难以反映它们之间的关系。因此,需要将它们组成一个整体来描述。C语言提供的结构体类型能实现这一要求。上述学生信息用结构体类型可以描述为：

```
struct student    {
```

```
    char num[10];                              //学号
    char name[20];                             //姓名
    char sex;                                  //性别
    int age;                                   //年龄
    float score[5];                            //5门课程的成绩
};
```

在定义结构体时,C开发环境并不给结构分配空间,只有当定义了结构变量以后,才给每个结构变量按结构的模式分配空间。而每个结构变量内部是一片连续的结构空间。所以,可以理解为结构是数组的一种拓广,数组是一片连续的结构空间,这片空间内存储着数据类型相同的数据。结构体也是一片连续的存储空间,这片空间内存储的是不同数据类型的数据(也可能是同种数据类型的数据)。当然,它们之间一定存在差别。

2. 结构体类型的声明

结构体类型(简称为结构体)在使用之前对其类型名和数据结构进行声明,也就是声明结构体类型的名称以及构成它的各个成员的名称及其类型。

声明的一般形式:

```
struct 结构体类型名 {
    成员类型 1   成员名 1;
    成员类型 2   成员名 2;
    …
    成员类型 n   成员名 n;
};
```

其中,struct是定义结构体类型的关键字;结构体类型名是用户命名的标识符,用于说明结构体类型的变量;花括号内的部分称为结构体,结构体是由若干结构体成员所组成的。每个结构体成员有自己的名称和数据类型,成员名是用户自己定义的标识符,成员类型可以是基本数据类型,也可以是已定义过的某种数据类型。若几个结构体成员具有相同的数据类型,可将它们定义在同一种成员类型之后,各成员名之间用逗号隔开。结构体类型的定义是作为一个完整的说明语句,用一对花括号括起来,最后用分号结束。将结构体类型定义中所定义的所有结构体成员称为结构体成员表。

例如,商品的描述包括商品名、厂家、等级和单价等数据类型,结构体类型名为goods,其具体的结构类型声明如下:

```
struct   goods {
    char name[19];                             /* 商品名 */
    char firm[19];                             /* 厂家 */
    int grade;                                 /* 等级 */
    float price;                               /* 单价 */
};
```

在C语言中,结构类型是可以嵌套的,即结构的成员允许是结构类型。例如,定义代表药品信息的结构类型:

```
struct medicine {
    char code;                          /* 药品代号 */
    char name;                          /* 药品名称 */
    float price;                        /* 单价 */
    char place;                         /* 产地 */
    struct goods caption                /* 来源地 */
};
```

> **注意**：花括号后面的分号一定不能少，表示声明结构语句的结束。

3. 结构体变量

1) 结构体变量的定义

定义结构体变量有以下三种方法。

(1) 类型声明的同时定义结构体变量。

这种方式在声明结构体类型的同时紧接着就定义该类型的变量，即结构体类型的声明和结构体变量的定义合并进行，其一般形式为：

```
struct  结构体类型名 {
    结构体成员表
} 变量名表;
```

其中，"变量名表"所列举的变量之间用逗号分开。例如：

```
struct stu    {
    char num[10], name[20];
    char sex;
    int age;
    float score[5];
} st1, st2;                                //定义两个结构体变量 st1、st2
```

在该结构体类型 student 的说明语句中，定义了两个 student 类型的结构体变量 st1、st2。

> **注意**：在花括号外没有分号，而是在变量名后面加分号表示结构体变量定义结束。

(2) 先定义结构体，再定义结构体变量。

这种方式先声明一个结构体类型，再用该类型标识符去定义变量：

```
struct  结构体类型名 {
    结构体成员表
};
struct  结构体类型名 变量名表;
```

例如：

```
struct stu {
```

```
        int num;
        char name[20];
        char sex;
        float score;
};
struct stu girl1, girl2, boy;                    /* 定义了三个结构体类型的变量 */
```

> **注意**：在定义结构体变量时，不仅要使用结构体的类型名，在类型名前面还要加上 struct 关键字。

（3）定义无名结构体类型的同时声明结构体变量。

例如：

```
struct
{
        char name[12];
        char sex;
        int age;
        float score;
} tea1, tea2, tea3;
```

这种方式不出现结构体名，其缺点是以后不能再定义这个模式的其他结构变量和指向该结构变量的指针。

2）结构体变量的引用

在使用结构变量时，不能将一个结构变量作为一个整体来使用，只能利用结构变量名对结构成员进行引用。

引用一个结构体变量的一般形式如下：

结构变量名.成员名

其中，"."是成员分量运算符，其运算级别最高。

例如，设有如下定义：

```
struct date
{
        int year;
        int month;
        int day;
} time1, time2;
```

则变量 time1、time2 各成员的引用形式为 time1. year、time1. month、time1. day 以及 time2. year、time2. month、time2. day。

附录 A   常用 ASCII 代码对照表

常用 ASCII 代码对照表见附表 A。

附表 A   常用 ASCII 代码对照表

ASCII 码	字符	ASCII 码	字符	ASCII 码	字符	ASCII 码	字符	ASCII 码	字符	ASCII 码	字符
032	空格	033	!	034	"	.035	#	036	$	037	%
038	&	039	'	040	(	041	)	042	*	043	+
044	,	045	—	046	.	047	/	048	0	049	1
050	2	051	3	052	4	053	5	054	6	055	7
056	8	057	9	058	:	059	;	060	<	061	=
062	>	063	?	064	@	065	A	066	B	067	C
068	D	069	E	070	F	071	G	072	H	073	I
074	J	075	K	076	L	077	M	078	N	079	O
080	P	081	Q	082	R	083	S	084	T	085	U
086	V	087	W	088	X	089	Y	090	Z	091	[
092	\	093	]	094	^	095	-	096	`	097	a
098	b	099	c	100	d	101	e	102	f	103	g
104	h	105	i	106	j	107	k	108	l	109	m
110	n	111	o	112	p	113	q	114	r	115	s
116	t	117	u	118	v	119	w	120	x	121	y
122	z	123	{	124			125	}	126	~		

附录 B C 语言中的关键字

C 语言共有 32 个关键字：

auto	break	case	char
const	continue	default	do
double	else	enum	extern
float	for	goto	if
int	long	register	return
short	signed	sizeof	static
struct	switch	typedef	union
unsigned	void	volatile	while

说明：

(1) 关键字 auto 用于说明自动变量，由于变量声明时默认情况下就是自动变量，所以很少使用。

(2) volatile(易变的)表示该变量不经过赋值，其值也可能被改变(例如表示时钟的变量、表示通信端口的变量等)。

附录 C　运算符的优先级和结合性

运算符的优先级和结合性见附表 C。

附表 C　运算符的优先级和结合性

优先级	运算符	名称或含义	使用形式	结合方向	说　明
1	[　]	数组下标	数组名[常量表达式]	从左到右	
	(　)	圆括号	(表达式)/函数名(形参表)		
	.	成员选择(对象)	对象.成员名		
	→	成员选择(指针)	对象指针→成员名		
2	－	负号运算符	－表达式	从右到左	单目运算符
	(类型)	强制类型转换	(数据类型)表达式		
	++	自增运算符	++变量名/变量名++		单目运算符
	——	自减运算符	——变量名/变量名——		单目运算符
	*	取值运算符	*指针变量		单目运算符
	&	取地址运算符	& 变量名		单目运算符
	!	逻辑非运算符	! 表达式		单目运算符
	~	按位取反运算符	~表达式		单目运算符
	sizeof	长度运算符	sizeof(表达式)		
3	/	除	表达式/表达式	从左到右	双目运算符
	*	乘	表达式 * 表达式		双目运算符
	%	余数(取模)	整型表达式%整型表达式		双目运算符
4	+	加	表达式＋表达式	从左到右	双目运算符
	－	减	表达式－表达式		双目运算符
5	<<	左移	变量<<表达式	从左到右	双目运算符
	>>	右移	变量>>表达式		双目运算符
6	>	大于	表达式>表达式	从左到右	双目运算符
	>=	大于等于	表达式>＝表达式		双目运算符

续表

优先级	运算符	名称或含义	使 用 形 式	结合方向	说　明
6	<	小于	表达式<表达式	从左到右	双目运算符
	<=	小于等于	表达式<=表达式		双目运算符
7	==	等于	表达式==表达式	从左到右	双目运算符
	!=	不等于	表达式!=表达式		双目运算符
8	&	按位与	表达式&表达式	从左到右	双目运算符
9	^	按位异或	表达式^表达式	从左到右	双目运算符
10	|	按位或	表达式|表达式	从左到右	双目运算符
11	&&	逻辑与	表达式&&表达式	从左到右	双目运算符
12	||	逻辑或	表达式||表达式	从左到右	双目运算符
13	?:	条件运算符	表达式1?表达式2:表达式3	从右到左	三目运算符
14	=	赋值运算符	变量=表达式	从右到左	
	/=	除后赋值	变量/=表达式		
	*=	乘后赋值	变量*=表达式		
	%=	取模后赋值	变量%=表达式		
	+=	加后赋值	变量+=表达式		
	-=	减后赋值	变量-=表达式		
	<<=	左移后赋值	变量<<=表达式		
	>>=	右移后赋值	变量>>=表达式		
	&=	按位与后赋值	变量&=表达式		
	^=	按位异或后赋值	变量^=表达式		
	|=	按位或后赋值	变量|=表达式		
15	,	逗号运算符	表达式,表达式…	从左到右	从左到右顺序运算

附录 D 常用库函数

本附录列出了一些 C 常用的库函数。如果需要更多的库函数,可以查阅《C 库函数集》,也可以从互联网下载"C 库函数查询器"软件进行查询。

1. 输入/输出函数

使用如附表 D-1 所示库函数要求在源文件中包含头文件 stdio. h。

附表 D-1   stdio. h 中的库函数

函数名	函数与形参类型	功　能	说　明
clearerr	void clearerr(FILE * fp);	清除文件指针错误	
close	int close(FILE * fp);	关闭文件指针 fp 指向的文件,成功则返回 0,不成功返回—1	非 ANSI 标准
creat	int creat (char filename, int mode);	以 mode 所指定的方式建立文件。成功则返回正数,否则返回—1	非 ANSI 标准
eof	int eof(int fd);	检查文件是否结束。遇文件结束,返回 1,否则返回 0	非 ANSI 标准
fclose	int fclose(FILE * fp);	关闭文件指针 fp 所指向的文件,释放缓冲区。有错误返回非 0,否则返回 0	
feof	int feof(FILE * fp);	检查文件是否结束。遇文件结束符返回非零值,否则返回 0	
fgetc	int fgetc(FILE * fp);	返回所得到的字符。若读入出错,返回 EOF	
fgets	char * fgets(char * buf,int n, FILE * fp);	从 fp 指向的文件读取一个长度为(n—1)的字符串,存放起始地址为 buf 的空间。成功返回地址 buf,若遇文件结束或出错,则返回 NULL	
fopen	FILE * fopen (char * filename,char * mode);	以 mode 指定的方式打开名为 filename 的文件。成功时返回一个文件指针,否则返回 NULL	
fprintf	int fprintf(FILE * fp,char * format, args, ...);	把 args 的值以 format 指定的格式输出到 fp 指向的文件中	
fputc	int fputc (char ch, FILE * fp);	将字符 ch 输出到 fp 指向的文件中。成功则返回该字符,否则返回非 0	
fputs	int fputs(char * str, FILE * fp);	将 str 指向的字符串输出到 fp 指向的文件中。成功则返回 0,否则返回非 0	

续表

函数名	函数与形参类型	功　能	说　明
fread	int fread（char ＊ pt, unsigned size, unsigned n, FILE ＊ fp）;	从 fp 指向的文件中读取长度为 size 的 n 个数据项,存到 pt 指向的内存区。成功则返回所读的数据项个数,否则返回 0	
fscanf	int fscanf（FILE ＊ fp, char format, args,…）;	从 fp 指向的文件中按 format 给定的格式将输入数据送到 args 所指向的内存单元	
fseek	int fseek（FILE ＊ fp, long offset, int base）;	将 fp 指向的文件的位置指针移到以 base 所指出的位置为基准,以 offset 为位移量的位置。成功则返回当前位置,否则返回－1	
ftell	long ftell（FILE ＊ fp）;	返回 fp 所指向的文件中的当前读写位置	
fwrite	int fwrite（char ＊ ptr, unsigned size, unsigned n, FILE ＊ fp）;	将 ptr 所指向的 n×size 个字节输出到 fp 所指向的文件中。返回写到 fp 文件中的数据项个数	
getc	int getc（FILE ＊ fp）;	从 fp 所指向的文件中读入一个字符。返回所读的字符,若文件结束或出错,返回 EOF	
getchar	int getchar（void）;	从标准输入设备读取下一个字符。返回所读字符,若文件结束或出错,则返回－1	
gets	char ＊ gets（char ＊ str）;	从标准输入设备读取字符串,存放由 str 指向的字符数组中。返回字符数组起始地址	
getw	int getw（FILE ＊ fp）;	从 fp 指向的文件读取下一个字(整数)。返回输入的整数,若遇文件结束或出错,返回－1	非 ANSI 标准函数
open	int open（char ＊ filename, int mode）;	以 mode 指出的方式打开已存在的名为 filename 的文件。返回文件号(正数),如打开失败,返回－1	非 ANSI 标准函数
printf	int printf（char ＊ format, args,…）;	按 format 指向的格式字符串所规定的格式,将表列 args 的值输出到标准输出设备。返回输出字符的个数,出错返回负数	format 是一个字符串或字符数组的起始地址
putc	int putc（int ch, FILE ＊ fp）;	将一个字符 ch 输出到 fp 所指的文件中。返回输出的字符 ch,出错返回 EOF	
putchar	int putchar（char ch）;	将字符 ch 输出到标准输出设备。返回输出的字符 ch,出错返回 EOF	
puts	int puts（char ＊ str）;	把 str 指向的字符串输出到标准输出设备,将'\0'转换为回车换行。返回换行符,失败返回 EOF	

函数名	函数与形参类型	功　　能	说　　明
putw	int putw(int w, FILE * fp);	将一个整数 w(即一个字)写入 fp 指向的文件中。返回输出的整数,出错返回 EOF	非 ANSI 标准函数
read	int read (int fd, char * buf, unsigned count);	从文件号 fd 所指文件中读 count 个字节到由 buf 指示的缓冲区中。返回真正读入的字节个数。如遇文件结束,返回 0,出错则返回—1	非 ANSI 标准函数
rename	int rename (char * oldname, char * newname);	把由 oldname 所指的文件名,改为由 newname 所指的文件名。成功时返回 0,出错返回—1	
rewind	void rewind(FILE * fp);	将 fp 指向的文件中的位置指针移到文件开头位置,并且清除文件结束标志和错误标志	
scanf	int scanf (char * format, args,...);	从标准输入设备按 format 指向的格式字符串规定的格式,输入数据给 args 所指向的单元。成功时返回赋给 args 的数据个数,出错时返回 0	args 为指针
write	int write(int fd, char * buf, unsigned count);	从 buf 指示的缓冲区输出 count 个字符到 fd 所标志的文件中。返回实际输出的字节数。如出错返回—1	非 ANSI 标准函数

2. 数学函数

使用如附表 D-2 所示库函数要求在源文件中包含头文件 math.h。

附表 D-2　math.h 中的库函数

函数名	函数与形参类型	功　　能	说　　明
abs	int abs(int x);	计算并返回整数 x 的绝对值	
acos	double acos(double x);	计算并返回 arccos(x)的值	要求 x 在 1 和—1 之间
asin	double asin(double x);	计算并返回 arcsin(x)的值	要求 x 在 1 和—1 之间
atan	double atan(double x);	计算并返回 arctan(x)的值	
atan2	double atan2 (double x, double y);	计算并返回 arctan(x/y)的值	
atof	double atof(char * nptr);	将字符串转化为浮点数	
atoi	int atoi(char * nptr);	将字符串转化为整数	
atol	long atol(char * nptr);	将字符串转化为长整型数	
cos	double cos(double x);	计算 cos(x)的值	x 为单位弧度

续表

函数名	函数与形参类型	功 能	说 明
cosh	double cosh(double x);	计算双曲余弦 cosh(x)的值	
exp	double exp(double x);	计算 e^x 的值	
fabs	double fabs(double x);	计算 x 的绝对值	x 为双精度数
floor	double floor(double x);	求不大于 x 的最大双精度整数	
fmod	double fmod (double x, double y);	计算 x/y 后的余数	
frexp	double frexp (double val, double * eptr);	将 val 分解为尾数 x,以 2 为底的指数 n,即 $val = x \times 2^n$,n 存放到 eptr 所指向的变量中	返回尾数 x,x 在 $0.5 \sim 1$ 之间
labs	long labs(long x);	计算并返回长整型数 x 的绝对值	
log	double log(double x);	计算并返回自然对数值 ln(x)	$x > 0$
log10	double log10(double x);	计算并返回常用对数值 log10(x)	$x > 0$
modf	double modf (double val, double * iptr);	将双精度数分解为整数部分和小数部分。小数部分作为函数值返回;整数部分存放在 iptr 指向的双精度型变量中	
pow	double pow (double x, double y);	计算并返回 x^y 的值	
pow10	double pow10(int x);	计算并返回 10^x 的值	
rand	int rand(void);	产生−90~32 767 间的随机整数	rand()%100 就是返回 100 以内的整数
random	int random(int x);	在 0~x 的范围内随机产生一个整数	使用前必须用 randomize 函数
randomize	void randomize(void);	初始化随机数发生器	
sin	double sin(double x);	计算并返回正弦函数 sin(x)的值	x 为单位弧度
sinh	double sinh(double x);	计算并返回双曲正弦函数 sinh(x)的值	
sqrt	double sqrt(double x);	计算并返回 x 的平方根	x 要大于等于 0
tan	double tan(double x);	计算并返回正切值 tan(x)	x 为单位弧度
tanh	double tanh(double x);	计算并返回双正切值 tanh(x)	

3. 字符判别和转换函数

使用如附表 D-3 所示库函数要求在源文件中包含头文件 ctype.h。

附表 D-3 ctype. h 中的库函数

函数名	函数与形参类型	功　能	说　明
isalnum	int isalnum(int ch);	检查 ch 是否为字母或数字	是,返回 1,否则返回 0
isalpha	int isalpha(int ch);	检查 ch 是否为字母	是,返回 1,否则返回 0
isascii	int isascii(int ch);	检查 ch 是否为 ASCII 字符	是,返回 1,否则返回 0
iscntrl	int iscntrl(int ch);	检查 ch 是否为控制字符	是,返回 1,否则返回 0
isdigit	int isdigit(int ch);	检查 ch 是否为数字	是,返回 1,否则返回 0
isgraph	int isgraph(int ch);	检查 ch 是否为可打印字符,即不包括控制字符和空格	是,返回 1,否则返回 0
islower	int islower(int ch);	检查 ch 是否为小写字母	是,返回 1,否则返回 0
isprint	int isprint(int ch);	检查 ch 是否为可打印字符(含空格)	是,返回 1,否则返回 0
ispunch	int ispunch(int ch);	检查 ch 是否为标点符号	是,返回 1,否则返回 0
isspace	int isspace(int ch);	检查 ch 是否为空格水平制表符('\t')、回车符('\r')、走纸换行('\f')、垂直制表符('\v')、换行符('\n')	是,返回 1,否则返回 0
isupper	int isupper(int ch);	检查 ch 是否为大写字母	是,返回 1,否则返回 0
isxdigit	int isxdigit(int ch);	检查 ch 是否为十六进制数字	是,返回 1,否则返回 0
tolower	int tolower(int ch);	将 ch 中的字母转换为小写字母	返回小写字母
toupper	int toupper(int ch);	将 ch 中的字母转换为大写字母	返回大写字母
atof	double atof(const char * nptr);	将字符串转换成浮点数	返回浮点数(double 型)
atoi	int atoi(const char * nptr)	将字符串转换成整型数	返回整数
atol	long atol(const char * nptr);	将字符串转换成长整型数	返回长整型数

4. 字符串函数

使用如附表 D-4 所示库函数要求在源文件中包含头文件 string. h。

附表 D-4 string. h 中的库函数

函数名	函数与形参类型	功　能	说　明
strcat	char * strcat (char * str1, const char * str2);	将字符串 str2 连接到 str1 后面	返回 str1 的地址
strchr	char * strchr (const char * str, int ch);	找出 ch 字符在字符串 str 中第一次出现的位置	返回 ch 的地址,若找不到返回 NULL
strcmp	int strcmp(const char * str1, const char * str2);	比较字符串 str1 和 str2	str1<str2 返回负数 str1=str2 返回 0 str1>str2 返回正数
strcpy	char * strcpy (char * str1, const char * str2);	将字符串 str2 复制到 str1 中	返回 str1 的地址
strlen	int strlen(const char * str);	求字符串 str 的长度	返回 str1 包含的字符数(不含 '\0')

函数名	函数与形参类型	功　能	说　明
strlwr	char * strlwr(char * str);	将字符串 str 中的字母转换为小写字母	返回 str 的地址
strncat	char * strncat (char * str1, const char * str2, size _ t count);	将字符串 str2 中的前 count 个字符连接到 str1 后面	返回 str1 的地址
strncpy	char * strncpy (char * dest, const char * source, size _ t count);	将字符串 str2 中的前 count 个字符复制到 str1 中	返回 str1 的地址
strstr	char * strstr (const char * str1, const char * str2);	找出字符串 str2 的字符串 str 中第一次出现的位置	返回 str2 的地址,找不到返回 NULL
strupr	char * strupr(char * str);	将字符串 str 中的字母转换为大写字母	返回 str 的地址

5. 动态分配存储空间函数

使用如附表 D-5 所示库函数要求在源文件中包含头文件 stdlib. h。

附表 D-5　stdlib. h 中的库函数

函数名	函数与形参类型	功　能	说　明
calloc	void * calloc(size_t num, size_t size);	为 num 个数据项分配内存,每个数据项大小为 size 个字节	返回分配的内存空间起始地址,分配不成功返回 0
free	void * free(void * ptr);	释放 ptr 指向的内存单元	
malloc	void * malloc(size_t size);	分配 size 个字节的内存	返回分配的内存空间起始地址,分配不成功返回 0
realloc	void * realloc (void ptr, size _ t newsize);	将 ptr 指向的内存空间改为 newsize 字节	返回新分配的内存空间起始地址,分配不成功返回 0
ecvt	char ecvt (double value, int ndigit,int * decpt, int * sign);	将一个浮点数转换为字符串	
fcvt	char * fcvt (double value, int ndigit,int * decpt, int * sign);	将一个浮点数转换为字符串	
gcvt	char * gcvt (double value, int ndigit, char * buf);	将浮点数转换成字符串	
itoa	char * itoa (int value, char * string,int radix);	将一整型数转换为字符串	
strtod	double strtod(char * str, char ** endptr);	将字符串转换为 double 型	
strtol	long strtol (char * str, char ** endptr,int base);	将字符串转换为长整型数	
ultoa	char * ultoa (unsigned long value, char * string, int radix);	将无符号长整型数转换为字符串	

参 考 文 献

[1] 谭浩强.C 程序设计教程.北京：清华大学出版社,2007.

[2] 谭浩强.C 语言程序设计(第 2 版).北京：清华大学出版社,2008.

[3] 李虹.C 语言程序设计.南京：南京大学出版社,2008.

[4] 曲万里.C 语言程序设计.北京：清华大学出版社,2009.

[5] 乔正洪,王梅娟,史涯晴.C 语言程序设计.杭州：浙江大学出版社,2013.

[6] 李爱军,钱新杰,徐畅.C 语言程序设计实用教程.武汉：湖北科学技术出版社,2013.

[7] 孔鹏.Visual C++ 6.0 完全自学手册.北京：机械工业出版社,2007.

[8] 谭浩强.C 语言程序设计(第四版).北京：清华大学出版社,2010.

[9] 郝桂英,赵敬梅.C 语言程序设计.北京：北京理工大学出版社,2010.

[10] 田淑清.全国计算机等级考试(二级教程).北京：高等教育出版社,2012.

[11] 曹衍龙.C 语言实例解析精粹.北京：人民邮电出版社,2005.